まるごと解説
ベジタリアン＆
ヴィーガンの世界

これ1冊ですべてがわかる
高度でグローバルな最新情報を一気読み

プロローグ

　本書は「認定NPO法人日本ベジタリアン協会」の30周年慶賀に続く、新世紀の重要な賜物です。優れた研究者の方々による、重厚かつ優しさに溢れた、食に関する他に類のない素晴らしい「辞典」と言えましょう。

　食を摂らずには生きられない人間である私たちの、日頃の食べ物の摂り方の一種を、最近の日本では「ベジタリアニズム・ヴィーガニズム」という"国際語"で表される食事法が盛んになりました。特に「ヴィーガン（完全菜食）」は、初期には「ベジタリアン」の範疇に含まれていましたが、近年独立して有効な食事の摂り方として注目されています。垣本充先生による第１章に詳しく説明されています。

　両者は、植物性食物を主食とし、動物（牛、豚、山羊、鶏、鳥類、魚類など）から得る肉と、その他の部分を避ける食事法です。彼らの肉を食べるには、彼らを死に至らせる残忍な行為が伴います。一方、菜食の材料となる穀物・野菜・果物・野草を食するには、動物の場合のような凄惨さは伴いません。地を耕し種を蒔き、月日をかけて心を込めて育て、根から掘り出し、葉や花を優しく手でちぎり、あるいは火を通さずに生（ロー）のまま食べることができます。そして種や根を地に戻し、再生を願います。

　しかし、動物の生命と植物の生命との違いはどこあるのか、という疑問は昔から発せられています。宮沢賢治作『ビジテリアン大祭』（1920年代）の批判者が、「動物を食べるのはいけないのなら、植物も食べてはいけないはずだ」と反論してから、100年経た今世紀にもその疑問はあるでしょう。が、科学的・哲学的・倫理的・道徳的思考の上で、その違いは納得されるでしょう。

　こうして動物性食品・肉類を摂らずに健康的な生活をし、病気にも縁遠く生活をしている人々は、洋の東西を問わず全世界に多数おります。しかもその由来は古代ギリシアの詩人や哲学者等で、食物は大地がもたらす植物、穀類、木の実や豆や草でした。ピタゴラスの男女共学の学校では、生徒に肉食を禁じ、彼自身は豆やレタスなどを食べたと言われます。

　動物性食品を全く摂らずに、植物性食品だけを摂る食事法の大きな心配は、人間に必要な「栄養」の問題です。これは当然のことで、本書では、栄養学の専門家の方々の綿密な研究成果が詳しく述べられており、国外の専門家の研究結果も紹介されています。がんや心筋梗塞、脳卒中などの多くの生活習慣病について、菜食の予防効果が認められており、これらの研究を参考にして注意深く食を整えることができます。

　こうして「ベジタリアン・ヴィーガン」食への信頼が持てることは、私たち実践者（筆者は50年間）への励みと喜びになっています。私たちは、地球上のすべての命を破壊する戦争とその手段を否定し、平和な世界の実現を訴えます。それもまた、肉食と同じ非情な行動を止めるべき私たちの使命でもあります。

　喜ばしいことに、ベジタリアン・ヴィーガン用の食材や食品を求める際の注意も調えられ、ベジ食品のJAS規格が農水省認定により制定されています。「日本ベジタリアン協会」のご努力によって、さまざまな重要な新しい企画が実現して、日本の「ベジタリアニズム・ヴィーガニズム」が確実に発展を遂げているのは、大きな喜びです。

鶴田　静

目次

第 1 章

ベジタリアン・ヴィーガンの
歴史と理念

垣本　充

はじめに

　私が菜食に興味を持ったのは、海外からの学術情報によるものでした。1980年代に食物繊維の齲蝕（虫歯）予防の研究をしており、博士論文をまとめようと海外の医学・栄養学の専門誌をチェックしていたとき、米国栄養学会誌（JADA）や臨床栄養学会誌（Am.J.Clin. Nutr.）などに、毎月のように生活習慣病予防など菜食（ベジタリアン食・ヴィーガン食）に関する医学・栄養学の論文が掲載されていました。この菜食の医学・栄養学的研究に興味津々となり、のちに私自身のライフワークとなったのです。

　博士号取得後、1988年にミネソタ大学で開催された国際家政学会（IFHE）世界会議の研究発表のために渡米した際、学会誌にたびたび登場する菜食研究の権威であるロマリンダ大学を訪れ、研究交流を持ったのがベジタリアン研究の始まりでした。

　その後、ロマリンダ大学で研究交流などを記した新書版『ヘルシーベジタリアン入門』（リヨン社）を著したところ、この書物に興味を持っていただいた人たちが大学の研究室に集い、1993年に大阪市で、現在の認定NPO法人日本ベジタリアン協会の前身となる大阪ベジタリアン協会を75人のベジタリアンやヴィーガンと共に設立しました。そして2000年には、協会メンバーの医師や獣医師、管理栄養士、哲学者、社会学者などの学術関係者が集まり、日本ベジタリアン学会を設立しました。現在、日本ベジタリアン学会は日本学術会議協力学術研究団体として、24巻にのぼる学会誌（Vegetarian Research）の出版と学術会議を24年間毎年開催し、菜食の医学・栄養学的研究のみならず、倫理・哲学的研究など学際的当該分野のアカデミックリーダーの役割を果たしています。

　このような30年を超えるベジタリアン協会や学会の交流関係から、その道のオーソリティーや新進気鋭の方々が集まり、ベジタリアン学の学際的分野を網羅した書物を出版するに至りました。

協会設立時の標語は、「人と地球の健康を考える」で、健康面だけでなく環境面も考慮したライフスタイルの提案として、朝日、毎日、読売、日経、産経の５大紙に紹介されました。

　そのような協会設立の精神に則り、菜食の理念に文化的アプローチを行うだけでなく、菜食を科学的にアプローチして、その利点（長所）だけでなく欠点（短所）についても解説を加えます。

1　歴史と理念

　ベジタリアンと言えば、レオナルド・ダ・ヴィンチ、トルストイ、アインシュタイン、マハトマ・ガンジー、ヘンリー・フォード、宮沢賢治などの歴史上の人物から、スティーブ・ジョブズ、ポール・マッカートニー、マドンナ、キャメロン・ディアス、ビリー・アイリッシュなど、各界の著名人がベジタリアンやヴィーガンと紹介されています。また、英国王室元シェフによれば、ダイアナ妃は、ほぼベジタリアンの食事を行っていたと語っています。

　この章では、ベジタリアニズムやヴィーガニズムの理念や歴史的背景、ベジタリアンやヴィーガンたちが独自のライフスタイルを実践する菜食（ベジタリアン食・ヴィーガン食）の形態などについて解説します。

　ベジタリアニズムのルーツはインドと言われます。宗教上の戒律から肉食を忌避することは、紀元前７世紀ごろからインドで行われていたようです。インドのベジタリアンと言えば、独立運動の父、マハトマ・ガンジーに代表されるヒンドゥー教徒がよく知られています。確かに、ヒンドゥー教僧侶の中には、今も植物性食品しか食べない人たちが存在します。しかし、歴史を遡ればヒンドゥー教が菜食の始まりとするのは間違いです。古代ヒンドゥー教であるバラモン教には、牛を聖なるものとして摂食を禁じる戒律が既に存在し

ていましたが、肉食禁止の思想は、紀元前7〜5世紀にインドで栄えたジャイナ教や仏教が動物の摂取を禁じる教えを広め、それがヒンドゥー教に影響を与えたようです。当時仏教の開祖釈迦（ゴーダマ・ブッダ）やジャイナ教の24代教主マハビラが「アヒンサー」（サンスクリット語で非暴力、不殺生）をスローガンとして、生き物を殺したり害したりすることを禁止するという行動規範を唱え、菜食主義を中心とした教義のもとに布教を行っていました。こうした考えは後に勢いを取り戻したヒンドゥー教に取り入れられ、現在も宗教的な神聖さを高める役割を果たしています。

このようなわけで、ベジタリアニズムの起源は、ヒンドゥー教ではなくジャイナ教、あるいは仏教であると思われます。仏教はインドから西域（チベット）を経て中国に伝えられました。6世紀の初めには達磨大師によって中国で禅宗が開かれ、精神修養の手段として菜食思想が取り入れられました。その仏教思想が日本にも伝わり、菜食は精進料理という形で現存しています。精進は、インドのサンスクリット語の「ビリア」の訳語で「ひたすら善行に励み、悪を断つ行い」を意味します。その時代から1200余年経過した1934年に、『ビジテリアン大祭』を出版した詩人・作家として著名な宮沢賢治は、仏教（法華経）に大きな影響を受けて、不殺生戒の教えに基づいた菜食を行っていたと言われています。こうして、仏教思想は現代まで日本の精神文化として脈々と受け継がれています。

一方、西欧では紀元前6〜5世紀ごろ、古代ギリシア時代にベジタリアニズムが流布されていたと伝えられています。この西洋における菜食主義は倫理的な背景を持つもので、古代宗教での動物生命供犠への批判、すなわち、生贄にされる動物への生命尊重から生まれたものです。古代ギリシアの著名な数学者であり哲学者でもあるピタゴラスは、西洋史上最初のベジタリアンであると言われます。数学への貢献でよく知られている彼は、独立した思想家であり、平等な条件で女性に彼の知的サークルへの参加を認め、世界は球体であると主張した最初の人物でした。全ての動物は親族として扱われ

るべきであるという彼の教えには、肉食の禁欲が含まれていました。ピタゴラスの考えは、部分的には、バビロニア人や古代エジプト人を含むはるかに初期の文明の伝統を反映していました。彼は生命の尊厳から菜食を行っただけでなく、彼の弟子たちと共にベジタリアン集落を設立し、倫理的思想に基づいた菜食による共同生活を実践しました。

　彼の思想は、歴史の父と呼ばれるヘロドトス、更に、偉大な哲学者であるソクラテスやプラトンに受け継がれて行きました。ソクラテスの高弟であるプラトンら古代ギリシアの哲学者は、社会でベジタリアニズムを導入すべきであると勘案しました。彼らの理想とする平和な社会、戦争のない国家では肉食が忌避されると考えました。彼の著書『理想国家論』の中で、理想的な国家の食事はベジタリアン食であると述べています。

　昨今、世界を揺るがす最大の社会問題、2022年2月24日に開始されたロシアによるウクライナ侵攻は、2国間の歴史的な背景があるにしろ、ベジタリアニズムが理想とする国家の在り方を決めるイデオロギーに反するものです。ベジタリアニズム・ヴィーガニズムの理念である生命の尊厳は、当然戦争回避の道を示すものです。

　以上がキリスト教誕生以前の事例です。その後、キリスト教の誕生初期である1〜2世紀まではキリスト教に肉食忌避の傾向が見られます。古代ローマ時代の哲学者セネカは初期キリスト教の信者でしたが、ギリシア哲学の影響を受けて極端な禁欲主義から菜食を行っています。初期キリスト教の司祭であったアウグスティヌスは、著書『真理の源泉』の中で、修行者に対する戒めとして肉食や飲酒の禁止を謳（うた）っています。また、東方正教会の大司祭クリソストムも肉食への戒めを説いています。このようなことから、初期キリスト教徒のベジタリアン説が唱えられていますが、定説には至っていません。その後カトリックのベネディクトやシトー派の修道院などで菜食主義は細々と継承されていますが、一般にカトリックやプロテスタントにかかわらず、キリスト教における肉食忌避の思想は徐々

に弱まっていったと考えられます。

　一方、ユダヤ教徒の中にも動物への敬意から菜食を行う人たちがいて、それらをコーシャーベジタリアン（kosherヘブライ語で「正しい」の意味）と呼ばれています。更に、イスラム教徒は一般に豚肉を除く畜肉を食べるとされていますが、開祖である預言者マホメットが、あらゆる残虐行為の否定から菜食を説いたと言われ、現在でもイスラム教徒には厳格な菜食主義者が存在します。

　18〜19世紀、フランスの思想家ルソーやロシアの文豪トルストイなどが、初期キリスト教への憧憬から菜食を行ったように、19世紀半ばに起こったイギリスでの近代菜食主義運動は、初期キリスト教への回帰思想が影響していると思われます。

　そのような流れの中、初期キリスト教のシンプルライフへの憧憬から、産業革命の中心地として有名なマンチェスターの聖書教会会員によって、「肉や魚を食べずに卵や乳類の摂食は本人の選択により、穀物・野菜・豆類などの植物性食品を中心にした食生活を行う運動」が展開されます。これが、いわゆる近代ベジタリアニズム運動の始まりです。そして、英国では、マンチェスター聖書教会会員や厳格な菜食を行っていたサリー州リッチモンド近郊のオルコットハウスアカデミー人たちがケント州ラムズゲイトに集まり、1847年、世界最初のベジタリアン団体である英国ベジタリアン協会（VSUK）が創設され、初代会長にジェームス・シンプソンが選出されました。

　一方、こうした菜食主義運動はエリート層のみならず、さまざまな社会層に発展しました。それに伴い、19世紀後半には、1850年に米国、1867年にドイツ、1879年にオーストリア、1880年にスイスとフランス、1882年にニュージーランド、1886年にオーストラリアで同様の協会が設立されました。

　米国では同時代に、メソジスト教会の創立者ジョン・ウェスレーや、セブンスデー・アドベンチスト教団のエレン・ホワイトたちも菜食を信者に推奨しています。

　1889年にはベジタリアン連盟（VFU）が創設、これが1908年に国

際ベジタリアン連合（IVU）と改称し、現在、世界各国のベジタリアンやヴィーガン団体の統括機関としての役割を担っています。

さて、歴史的視点から少し離れ、言語の問題としてベジタリアンを捉えてみたいと思います。ベジタリアンを『Random House英和大辞典』（小学館）で調べてみると、菜食主義者、菜食者と訳されています。この和訳の始まりは明治の中頃のようです。現在でもベジタブル（野菜）と混同され、ベジタリアンとは野菜を食べる人のように誤解されています。

ベジタリアンという言葉は、1840年代初めには既に使われていたようですが、1847年の英国ベジタリアン協会設立時が、この語の正式な誕生年とされています。新たな造語であるベジタリアンの意味は、「健全な、新鮮な、元気のある」という意味のラテン語のベジタス（vegetus）に由来するという説が伝承されてきました。それは、1906年に出版された『菜食の論理』でケンブリッジ大学のラテン語教授のジョン・メイヨールが述べた説によるものです。一方、近年、元IVU理事のジョン・デービスは、ベジタブル（vegetable）がベジタリアンの語源であると述べ、1800年代の当時、ベジタブル（vegetable）は野菜だけでなく、果実や穀物などあらゆる種類を含む植物性食品を意味していたからだと主張しています。そのようなことから、ベジタリアンの語源は、vegetable＋arian（○○主義の人）、すなわち、植物性食品を主食とする人を表した造語であるという新たな説が有力視されています。それ以前は、ベジタリアンのような植物性食品を中心に食する人たちは、ピタゴリアン（ピタゴラスの食事をする人）と称されていました。

一方、ヴィーガンという言葉は、1944年に英国ベジタリアン協会会員の中で、乳や卵を食べずに植物性食品のみを食べる人たちが集まり、英国ヴィーガン協会創設時に、設立者の一人であるドナルド・ワトソンによって、「全ての動物の命を尊重し、犠牲を強いることなく生きるライフスタイル」の名称として作られました。このように、それまでは厳格なベジタリアン（strict vegetarian）と称されていた

人たちに、ヴィーガンというベジタリアンを語源とした新たな造語が誕生しました。それに続いて米国では、1960年、H・J・ディンシャーが米国ヴィーガン協会を設立し、ヴィーガニズムをジャイナ教のアヒンサー（生物に対する非暴力）の概念に結びつけ、ヴィーガンが動物愛護の人たちと深い関係を形成するようになって行きます。

　1960〜70年代には、米国で「愛と平和」を訴えて登場したヒッピーが、地球の飢えた人たちを救うという目的でベジタリアンの生活を始め、更に、1980年代には、健康や環境、動物愛護などの理由からベジタリアンのライフスタイルを選ぶニューベジタリアンと呼ばれる人たちが登場しました。1993年には市民団体として日本ベジタリアン協会が設立され、IVUに加盟して国の内外で菜食の啓発活動を行っています。

　このように、既成の宗教や倫理的背景を持つものではなく、健康、エコロジー、食料問題、途上国援助など、さまざまな理念や信条を取捨選択しながら発展した「ライフスタイルとしての菜食」が市民レベルで定着し、現在に至っています。

2　日本の菜食

　3世紀末、中国正史で初めて日本について詳細に記述した『魏志倭人伝』によれば、当時の我が国の食生活は「牛、馬、虎、豹、羊、カササギは無く、温暖で冬でも夏でも生野菜を食べる」と記されています。この前に「水に潜って貝や魚を取る」という記述があることから、古代日本人は米や雑穀を主食として新鮮な野菜を食べ、魚介類は食べるが肉類はあまり食べない食生活を送っていたようです。そして、2〜300年後に仏教が伝来、繁栄し、殺生禁断の思想が広まり、675年に天武天皇が「肉食禁止令」を発布して、獣鳥肉類だけでなく魚介類も食べることを禁じました。その後、737年に聖武天

皇は魚介類の摂食を許容したため、奈良時代から明治維新まで約1200余年にわたり食卓から肉は消え去ります。米を主食に大豆などの豆類や野菜を食べ、時たま何かの祝慶事にご馳走として魚が用意される食生活が定着してきました。その中で、仏教思想を背景とした精進料理という我が国独自の菜食文化が開花しました。

　精進の語源は、インド・サンスクリット語のビリヤ（virya）の訳語で「ひたすら善行に励み、悪を断つ行い」を意味します。9世紀に遣唐使として中国に渡った最澄や空海が帰国して興した天台宗や真言宗にも、仏典の戒律に基づく中国禅寺における食事様式が伝えられ、現在でも両宗の総本山である比叡山や高野山の宿坊で伝承された精進料理が振舞われています。精進料理の確立は13世紀、曹洞宗の開祖・道元によってなされました。道元は宋に留学して中国禅学を習得し、精神修養の手段として菜食に基づく食生活の規制を行いました。植物性食品のみを使用する精進料理は季節感を大切にし、五法（生、煮る、揚げる、焼く、蒸すの料理法）、五味（醤油、酢、塩、砂糖、辛の味）、五色（赤、青、黒、赤、白）の組み合わせを厳しく教えています。このような教えは、日本の食文化に大きな影響与えました。

　精進料理の代表的なものとしては、曹洞宗永平寺流のほかに、黄檗山萬福寺流（普茶料理）があります。禅が日本の食文化に影響を与えたものの1つに、茶道をあげることができます。禅の生活に茶を飲む習慣がありますが、茶を我が国にもたらしたのは臨済宗の開祖・栄西であると言われています。この禅宗における茶を飲む習慣を体系づけたのが茶道です。禅寺では住職の座するところを方丈の間（書院）と言いますが、茶道における茶室はこれを原型としたものです。また、茶事に出される食事は懐石（料理）と称されますが、懐石の語源は禅宗の修行僧が温石（焼いて温めた石）を懐に抱き、空腹感を凌いだ習慣により、腹を温める程度の軽い食事を意味しています。懐石料理も現在では副菜の種類が増えて贅沢なものが多く見られますが、元来は、一汁一菜、一汁二菜、一汁三菜のように簡

素なものが原型です。現在、懐石料理は副菜の種類が増え、三汁十一菜など豪華なものになる一方、新たなフランス料理（ヌーベル・キュイジーヌ）にまで影響を与えています。

2013年、ユネスコ無形文化遺産に登録された和食は、歴史を遡れば、日本の菜食文化、すなわち、仏教僧の修行食であった精進・懐石料理をルーツとしたものなのです。

現在、我が国では、精進料理を含めて菜食に3つの潮流が認められます。1つ目は仏教思想による精進料理、2つ目は玄米菜食、3つ目は欧米型乳卵菜食です。精進料理以外のものとしては玄米菜食と乳卵菜食があります。

玄米菜食の歩みについては、明治時代の陸軍薬剤監の石塚左玄が、「ナトリウムとカリウムとのバランスの崩れが病気を発症させる」とする陰陽調和を唱え、『化学的食養長寿論』を著して食養会をつくり、玄米菜食の普及活動を始めました。食養会に参加し、この理論を受け継いだのが桜沢如一で、彼は易経の陰陽の論理を当てはめた玄米菜食を提唱し、これが正食あるいは、マクロビオティックと称した形で受け継がれて行きます。1960年代から米国で広まったマクロビオティックはベジタリアン食に寄り添って発展してきたのですが、一部の人たちが少量の魚を食べることもあり、1980年代に英国ベジタリアン協会で受講したセミナーでは、ベジタリアンに似た食生活を実践するグループとして説明されていました。マクロビオティックの上級クラスはヴィーガン食を実践されているようですが、北米ベジタリアン協会が1996年にピッツバーグ大学ジョンズタウン校で開催したサマーフェスタに参加した時、主催者の1人から「日本のマクロビアンは魚を食べるのだろう」と言われたことが印象に残っています。このマクロビオティックを基にして1980年代から、独自の雑穀菜食「つぶつぶ未来食」を創作されたフゥ未来生活研究所の大谷ゆみこCEOは、全国に現在100か所以上のヴィーガン料理教室を運営し、日本のヴィーガン食発展の一翼を担っています。

続いて、西洋型（乳卵）菜食を紹介したいと思います。19世紀の

英国で起こった近代菜食運動の中心メンバーはキリスト教信者で、このような流れが米国に伝わり、19世紀中頃にはニューヨークにベジタリアン協会が設立され、同時代にセブンスデー・アドベンチスト教団でも菜食が推奨されました。このような欧米で主流とされる乳卵菜食は栄養バランスが良く、第2次世界大戦後、欧米型菜食として我が国の菜食に大きな影響を与えました。

　肉食が許されて150年余り経過した飽食の時代と言われる我が国で、肉食による動物性脂肪の摂取過多が引き起こす生活習慣病の問題、農薬や食品添加物の危険性などの関心から、現在、菜食による伝統食や自然食の見直しが行われています。

3　ベジタリアンとヴィーガンの類型

　ベジタリアンとヴィーガンの歴史をたどってきましたが、その流れで、現在、ベジタリアンにはさまざまなカテゴリーがあります。食べ方だけでなく、宗教、哲学やライフスタイルまで細かく分類するとかなりの数に上ります。

　一般的には、ベジタリアンは「レッドミートを食べない人」という意味です。しかし、食品学に詳しくない翻訳家がレッドミートを赤肉と訳していることが度々あり、誤解を招いていますが、レッドミートは牛や豚、羊などの畜肉が正式な訳語です。

　動物性食品を一切食べず植物性食品のみを食べるヴィーガン、植物性食品を中心に乳製品を食べるラクトベジタリアン、更に卵まで食べるラクトオボベジタリアン、植物性食品の他に魚介類を食べるペスカタリアン、魚介のほかに鶏肉を食べるポーヨーベジタリアン。それらも総称してベジタリアンと呼ばれています。

ベジタリアンのタイプ

① **ヴィーガン（完全菜食）**：米、小麦などの穀物や、豆、野菜などの植物性食品のみを食べ、畜肉、魚、卵など全ての動物性食品の他、蜂蜜も食べないタイプ。

② **ラクトベジタリアン（乳菜食）**：植物性食品に加えて牛乳や乳製品（チーズ、ヨーグルト）などを食べるタイプ。

③ **オボベジタリアン（卵菜食）**：植物性食品に加えて卵や卵製品（マヨネーズ、卵菓子）などを食べるタイプ。

④ **ラクトオボベジタリアン（乳卵菜食）**：植物性食品と乳・卵を食べるタイプ。欧米のベジタリンの大半がこれに該当する。

⑤ **ペスコベジタリアン（ペスカタリアン・魚乳卵菜食）**：植物性食品と乳・卵・魚を食べるタイプ。このタイプには植物性食品のほかに魚は食べるが、乳・卵を食べない人たちがいる。

⑥ **ポーヨーベジタリアン（鶏魚乳卵菜食）**：植物性食品と乳・卵・魚・鶏肉を食べるが、畜肉は食べないタイプ。

　国際ベジタリアン連合（IVU）や英国ベジタリアン協会は⑤と⑥をベジタリアンと認めていませんが、一般的に彼らはデミベジ（セミベジタリアン）と呼ばれ、米国では①から⑥までのメニューに対応できるデミベジ・レストランが流行しています。

ヴィーガンのタイプ

① **ダイエタリーヴィーガン**：植物性食品しか食べないが、衣料品などについては植物性製品にこだわらないタイプ。

　*フルータリアン：植物が収穫後も死滅しないように、実や葉だけを食べ、根などを食べないタイプ。

　*オリエンタルヴィーガン：植物性食品の中でも、五葷と呼ばれるニラ、ニンニクなどネギ科の植物を避けるタイプ。

　*ローヴィーガン：植物性食品を生、あるいは低温調理されたものを食べるタイプ。日本では生菜食と称されています。

② **エシカルヴィーガン**：食事だけでなく、化粧品や衣服などの生活用品全般で植物性のものを使用し、毛皮やダウン、皮革、ウール、シルクなどの製品を使用しないタイプ。

4 ベジタリアン・ヴィーガン食の国際認証と日本の公的なJAS認証

　1847年、世界最初のベジタリアン団体である英国ベジタリアン協会（VSUK）が創設され、1850年に米国、1867年にドイツなど欧米の国々でベジタリアン協会が設立されました。20世紀に入って、1908年には世界のベジタリアン団体の統括機関として国際ベジタリアン連合（IVU）ができました。欧米ではキリスト教、中東ではイスラム教、アジアでは仏教、道教、ジャイナ教など宗教を背景としたベジタリアンやヴィーガンが存在しますが、近年、菜食による健康や地球環境保全、動物福祉や途上国援助などを活動目標とする宗教の枠を超えた、「人にも地球にも優しいライフスタイル」を求める市民団体として欧米の各都市に結成され、現在に至っています。

　このように既成の宗教や倫理的背景を持つものではなく、生命の尊厳、健康、エコロジー、食料問題、途上国援助など、さまざまな理念や信条を取捨選択しながら発展した「ライフスタイルとしての菜食」が市民レベルで定着してきました。

　その中で、ベジタリアンやヴィーガン認証については、やはり、世界最古最大の英国ベジタリアン協会が始めたシードリングシンボルが世界最初の認証マークとなります。このマークは英国中のショップで何千もの製品に表示されています。英国ベジタリアン協会が承認した商標は2つあり、1つはベジタリアン製品用、もう1つはヴィーガン製品用ですが、1986年からスタートしたベジタリアンの商標は、ベジタリアン認証マークの始まりです。

英国ベジタリアン協会が承認した商標プロセスには、専門家が全ての原材料と製造工程をチェックすることが含まれます。全ての材料や製造工程におけるコンタミ検査を個別にチェックすることで、買い物をするときに、ベジタリアンまたはヴィーガンの商標が表示されている場合は、100％ベジタリアンまたはヴィーガン商品であると信頼できるのです。

　しかし、英国では1990年代から食品メーカーやスーパーマーケットなどが曖昧で不正確なベジタリアン・ヴィーガン食品マークを氾濫させ、消費者が混乱したことがあり、2006年に英国食品基準局FSAが英国ベジタリアン協会などのアドバイスにより、ガイドラインを作成しました。このガイドラインは、2011年にEU議会のベジタリアン・ヴィーガンEU規制という合法的な位置付けが承認されました。これにより、英国では曖昧な表示は淘汰されて行きました。

　その後、2018年にISO（国際基準化機構）にスイスが新たなベジタリアン・ヴィーガン食品に関する国際規格を提案し、制定に向けての議論が始まり、参加74か国のうち、49か国が賛成可決し、2021年3月にベジタリアン・ヴィーガンの国際規格ISO23662が発行されました。

　日本でもベジタリアン・ヴィーガンの市場が拡大するにつれ、消費者が安心してベジタリアン・ヴィーガンの商品を選ぶための表示の必要性が指摘されてきました。

　今では民間認証と称したベジタリアン・ヴィーガンマークが氾濫しつつあります。しかし、我が国のベジタリアン・ヴィーガン食品の民間認証が第三者認証に必須とされる現地調査も行わず、アンケート調査だけで認証マークを与えているものが認められ、曖昧で信頼性に欠けると思われます。

　第三者審査認証は、ISOやJIS工業規格、JAS農林規格に代表されるような組織外の第三者によって審査され、認証を受ける制度のことを言います。こういった審査認証制度を採用する規格は、規格の審査・認証を行う認証機関と、その認証機関が審査をするにあたっ

て、十分な知識や技量があるかどうかを審査する別の認定機関が存在します。なぜこのように遠回りな審査制度を採用しているのかというと、利害関係がない第三者による公正かつ公平な審査を下すため、外部からの信頼性を向上させるためです。

　日本のベジタリン・ヴィーガン食品の民間認証は、この認証を審査するにあたって十分な知識や技量があるかどうかを審査する別の認定機関が存在していないので、消費者の信頼を得るためには不十分だと言えるでしょう。

　国際基準のベジタリアン・ヴィーガン食を求める外国人旅行客や国内のベジタリアン・ヴィーガンのみならず、ベジタリアン志向の消費者にも、信頼できる確かなベジタリアン・ヴィーガン食へのニーズが高まってきています。

　そのような社会情勢を受けて、2018年に松原仁衆議院議員が日本の国会で初となるベジタリアン・ヴィーガンに関する質問（「インバウンドに対応したベジタリアン・ヴィーガン対策に関する質問主意書」）を行い、認証マークの整備を要望。その後、松原議員が中心となって「ベジタリアン/ヴィーガン関連制度推進のための議員連盟」（ベジ議連）が設立され、2020東京オリンピック・パラリンピック大会に伴う「おもてなし」としてのベジタリアン・ヴィーガン施策（レストラン情報の整備等）と共に、ベジタリアン・ヴィーガンのJAS（Japanese Agricultural Standards　日本農林規格）規格制定に向けての議論も始まりました。

　日本ベジタリアン協会の申し出により、学識経験者、食品会社、レストラン、スーパーマーケット、コンビニ、ヴィーガン市民団体、有機JAS認証団体、東京都などで構成されるJAS制定プロジェクトチーム（PT）を編成。PTの座長（委員長）は協会代表の著者が務め、司会は日本ベジタリアン学会の高井明徳会長が務めました。PT委員は、学識経験者、食品会社、市民団体、レストラン、スーパー、コンビニ、有機JAS認証団体、自治体、農水省などで構成されています。2021年5月に第1回委員会が行われ、2022年1月まで5

回の議論を経て、ISO23662を参考にしたJAS原案が作成されました。その後、通商弘報やパブリック・コミュニケーション、JAS調査会による審議・議決などJAS制定の手順を踏み、「ベジタリアン又はヴィーガンに適した加工食品」（JAS0025）、「ベジタリアン又はヴィーガン料理を提供する飲食店等の管理方法」（JAS0026）の２つのJAS規格が制定、2022年９月に施行となりました。

　今回の「ベジタリアン・ヴィーガンJAS」は世界で初めてとなるベジタリアン・ヴィーガンの国家規格です。JASは「食品・農林水産分野において農林水産大臣が定める国家規格」であり、その認証は「国際的に通用するJAS認証の枠組みとして、国際的に広く用いられているISOで定める枠組みに準拠」するとされ、国内だけではなく海外に日本製の食品や農林水産品を輸出する際にも、JASマークは高い信頼性の証となります。「ベジタリアン・ヴィーガンJAS」は、高付加価値やこだわりのある規格（特色のある規格）である「特色JAS」として制定されています。そのため、「ベジタリアン又はヴィーガンに適した加工食品」のJASマークは、海外に日本のベジタリアン・ヴィーガン商品を輸出する際にも活用できるとの期待があります。また、ISO23662にはないレストランについての基準は、日本独自の要件（「ベジタリアン又はヴィーガンに適した料理を、主食と主菜が一体として提供されるものを１品目以上提供」など）も盛り込んでいます。

図1.1　JASマーク

　英国で社会問題化したような曖昧で不正確なベジタリアン・ヴィーガン食品表示で外国人旅行者が戸惑うことのないように、また、消費者が安心してベジタリアン・ヴィーガンの商品を選ぶために、国際基準を遵守したベジタリアン・ヴィーガン食品等JAS認証は大きな役割を果たすでしょう。

　食のダイバーシティ（多様性）に応えるべく、日本の特徴を生かした国際的に評価される国の公的なベジタリアン・ヴィーガン食品やレストラン認証の実現は、日本におけるベジタリアン・ヴィーガン食の夜明けを迎えたように思います。

参考文献

- 末次勲、『菜食主義』、丸の内出版、1983.
- 鶴田静、『宮沢賢治の思想』、昭文社、2013、126-128.
- 垣本充、「ベジタリアン概説」、『Vegetarian Research』vol.1(1)、2000、3-10.
- 垣本充、『21世紀のライフスタイル・ベジタリアニズム』、フードジャーナル社、2014、14-23.
- 英国ベジタリアン協会
  https://vegsoc.org/world-history-0f-vegetarianism,2022.
- 英国ヴィーガン協会
  https://www.vegansociety.com,2022.
- ベジタリアン、ヴィーガン市場に関する調査（英国、フランス、ドイツ）、2021
  https://www.jetro.go.jp/ext_images/_Reports/02/2021/3e2ee518305df3f0/
  rp202103vege.pdf.
- 垣本充、大谷ゆみこ、『完全菜食があなたと地球を救うVegan』、KKロングセラーズ、2014、56-
  59.
- 垣本充、「科学的・文化的視点から捉えたベジタリアン」、『食生活研究』Vol.16(1)、1995、14-22.
- 垣本充、「ベジタリアンと菜食・歴史と類型」、『臨床栄養』114(4)、2009、350-351.
- The Vegetarian Society Approved trademarks, 2006
  https://vegsoc.org/vegetarian-and-vegan-trademarks-2.
- FSA publishes guidance on vegetarian and vegan labelling, 2006
  https://www.foodingredientsfirst.com/news/fsa-publishes-guidance-on-vegetarian-
  and-vegan-labelling.html.
- EU to set legal definition of vegetarian and vegan food, 2017
  https://www.foodnavigator.com/Article/2017/11/03/EU-to-set-legal-definition-of-
  vegetarian-and-vegan-food.
- ISO 23662:2021 Definitions and technical criteria for foods and food ingredients
  suitable for vegetarians or vegans and for labelling and claims, 2021
  https://committee.iso.org/standard/76574.html?browse=tc.
- インバウンドに対応したベジタリアン/ヴィーガン対策に関する衆議院質問主意書、2018
  https://www.shugiin.go.jp/internet/itdb_shitsumon_pdf_s.nsf/html/shitsumon/
  pdfS/a197102.pdf/$File/a197102.pdf.
- 2017年訪日外国人旅行者数、2018
  https://www.jnto.go.jp/jpn/statistics/data_info_listing/pdf/180116_monthly.pdf.
- ベジタリアン又はヴィーガンに適した加工食品、2022
  https://www.maff.go.jp/j/jas/jas_standard/attach/pdf/index-53.pdf.
- ベジタリアン又はヴィーガン料理を提供する飲食店等の管理方法、2022
  https://www.maff.go.jp/j/jas/jas_standard/attach/pdf/index-221.pdf.
- JAS認証機関リーファース
  http://www.leafearth.jp/.
- ISOプロ第3者審査認証
  https://activation-service.jp/iso/terms/1535.

第 **2** 章

ベジタリアン・ヴィーガンの
国際事情

加藤裕子

1　世界のベジタリアン・ヴィーガン人口

　今、世界にはどれくらいベジタリアン・ヴィーガンがいるのでしょうか。市場調査会社のIpsos MORIが2018年に発表した調査によれば、世界人口の5％がベジタリアン、3％がヴィーガン、時々肉や魚を食べるフレキシタリアンが14％存在します。特に35歳より下（6％）がそれより年長の人々（3％）よりベジタリアンになる傾向がみられますが、これにはヴィーガンのセレブリティーたち、あるいはブロガーやユーチューバーなどインターネット上のインフルエンサーの影響もあると考えられます。単にファッション感覚や流行を追うというだけではなく、若い世代の気候危機への問題意識が切実という面も大きいと言えるでしょう。また、ベジタリアンの約17％、ヴィーガンの約19％がそれらの食生活をするようになってから約1年、同じくベジタリアンの43％、ヴィーガンの30％がそれらの食生活をするようになってから約半年という調査結果からは、新たにベジタリアン・ヴィーガンになった人も少なくないと推測できます。

　国別のベジタリアン・ヴィーガン人口のデータについてはさまざまなものがあり、調査によって多少違いはありますが、ベジタリアン人口が最も多い国がインドであることは共通しています。たとえば、Radio Free Europe/Radio Libertyのまとめによると、インドの人口の31〜42％がベジタリアンで、これはジャイナ教やヒンドゥー教など宗教の影響によるものです。続けて、メキシコ（19％）、ブラジル（14％）、台湾（14％）、スイス（13％）などの国々が上位にランクインしています（ 図2.1 ）。

　一方、ヴィーガン人口については、信頼できるグローバルな調査は行われていませんが、vegan friendly ukは、インド、イギリス、オーストラリア、ニュージーランド、イスラエルといった国々でヴィーガンが広まっていると報告しています。なお、ヴィーガンは食生

ベジタリアンが最も多い国／地域は？

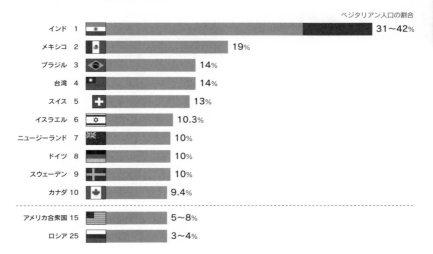

ベジタリアン人口の割合

インド 1		31〜42%
メキシコ 2		19%
ブラジル 3		14%
台湾 4		14%
スイス 5		13%
イスラエル 6		10.3%
ニュージーランド 7		10%
ドイツ 8		10%
スウェーデン 9		10%
カナダ 10		9.4%
アメリカ合衆国 15		5〜8%
ロシア 25		3〜4%

図2.1 ベジタリアン人口の割合
1位のインドには、ベジタリアンを促進する文化的、宗教的伝統があります。
RadioFree Europe/RadioLiberty
https://www.rferl.org/a/which-countries-have-the-most-vegetarians/29722181.html

活のみならず動物搾取を避ける意識がライフスタイル全般に及ぶため、単に動物由来の食品を食べない人はヴィーガンではなく、「プラントベース（plant-based）」という言葉を使うことが増えており、こうした置き換えは商品ラベル等でも見られます。

2　ヨーロッパのベジタリアン・ヴィーガン事情

　ヨーロッパは世界の中でもベジタリアン・ヴィーガンのムーブメントが活発な地域です。世界のベジタリアン・ヴィーガンレストランを検索できるサイト、Happy Cow（https://www.happycow.net）によると、2007年から2019年の間に同サイトに登録されたヨーロッ

パのベジタリアンレストランは517軒から3816軒に、ヴィーガンレストランは85軒から2662軒と急増しています。興味深いのは、同サイトのデータで、パリ、プラハ、ワルシャワの各都市におけるヴィーガンレストランの数が2019年の時点でベジタリアンレストランの数と同じくらいか、あるいは上回っている点です。これらの都市のヴィーガンレストランが2007年にはそれぞれ5本の指に収まる程度しか存在しなかったことを考えると、約10年強の間に人々の意識に大きな変化が生じたことが見て取れます。

　Happy Cowに登録されているヴィーガンレストラン数を各国の人口100万人あたりで割り、ヴィーガン・レストラン比率が高い国を

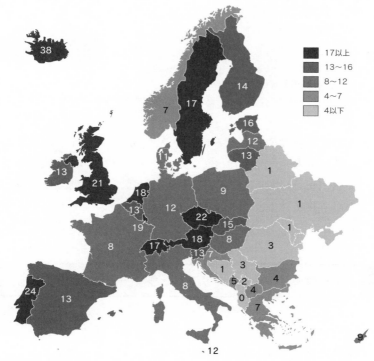

	17以上
	13〜16
	8〜12
	4〜7
	4以下

図2.2　100万人あたりのヴィーガン&ベジタリアンレストランの数
dailymint.co
https://www.dailymint.co/blog/map-of-vegetarian-friendly-european-countries/

色分けした地図（ 図2.2 ）を見ると、アイスランド、ポルトガル、チェコ、イギリス、ルクセンブルクなどの国々が上位に挙がっていますが、ヴィーガンレストランの数はイギリスの1447軒が群を抜いています。CHEF'S PENCIL が Google トレンドを解析した The 20 Most Vegan Countries in Europe では、1位イギリス、2位スウェーデン、3位アイルランド、4位オーストリア、5位ドイツという結果になっているなど、ヨーロッパの中でもイギリスはベジタリアンやヴィーガンのムーブメントが最も盛んな国と言えるでしょう。

　2022年の調査で、イギリスには330万人（人口の6％）のベジタリアン、160万人（人口の3％）のヴィーガンが存在しています。2019年以来、ベジタリアンは人口の6％台で推移しているのに対し、ヴィーガンは1.3％（2019年）から急増している点が注目されます。また、720万人（人口の14％）のイギリス人が肉を食べない食生活を選択していますが、そのトレンドを牽引しているのはZ世代（おおむね1990年代後半から2010年代生まれの世代）です（ 図2.3 ）。Opinion Matter によれば、56％のイギリス人がヴィーガンの商品を

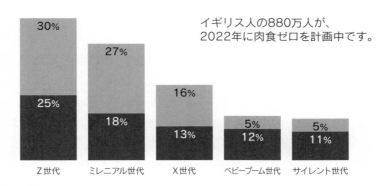

イギリス人の880万人が、
2022年に肉食ゼロを計画中です。

Z世代　ミレニアル世代　X世代　ベビーブーム世代　サイレント世代

図2.3 　2022年イギリスの食事スタイルの傾向
イギリス人の880万人が、2022年に肉食ゼロを計画中です。中でも、Z世代（18〜23歳）は最も肉を食べない食生活を実践しています。すでに肉を含まない食生活を送っている人は25％、2022年に肉食ゼロを計画中の人は30％と高くなっています。
https://www.finder.com/uk/uk-diet-trends

購入した経験があり、50%がヴィーガンの知り合いがいるなど、イギリスではヴィーガンが非常に身近であることがうかがえます。イギリスの大手スーパーは全て自社のヴィーガン商品ブランドを持っている他、イギリスは世界で最もヴィーガン食品の新商品を販売している国です。更に、コロナ禍で高まった健康意識の高まりにより、イギリスでは4人に1人が動物性の食べ物を減らしたとも言われます。

　今後のヨーロッパにおけるベジタリアン・ヴィーガンの状況には、EUの地球環境問題に対応する欧州グリーンディールも重要な役割を果たすこととなるでしょう。EUは、グリーンディールの一環として、2020年に公正かつ健康で持続可能なフードシステムのためのFarm to Fork戦略を策定し、肉食の削減とプラントベースの食生活推進を提言しており、各国の政策としてプラントベースへの移行が後押しされると予想されます。

3　北米のベジタリアン・ヴィーガン事情

　Vegan Newsの2020年3月6日付の記事によれば、プラントベースの食事をしているアメリカ人は960万人で、15年間で300%増加したとのことです。更に詳細に見ていくと、アメリカ人の3%がヴィーガン、だいたいいつもヴィーガン（Vegan Usually）が6%、ときどきヴィーガン（Vegan Sometimes）が20%、ヴィーガンではないベジタリアン（乳製品や卵などを食べる）が3%、ときどきベジタリアン（Vegetarian Sometimes, not including vegan）が25%です。ヴィーガンの割合が高いのは、18歳〜38歳の世代（5%）、西海岸（5%）ですが、人種による顕著な違いは見られません（The Vegetarian Resource Groupの2022年の調査による）。

　また、アメリカ人の63%がベジタリアンやヴィーガン食を食べた

ことがあると回答しているのは、イギリスと同じく、アメリカでは
スーパーマーケット等でベジタリアン・ヴィーガン食品が入手しや
すく、ベジタリアン・ヴィーガンのメニューがあるレストランも一
般的であるという背景がうかがえます。筆者がアメリカで暮らした
経験を振り返っても、地域差はあるものの、移民の国であるアメリ
カには多様な食文化が混在しており、ベジタリアンやヴィーガンも
そのひとつとして受け入れられている印象があります。

　ニューヨーク市では、自身をヴィーガンと称しているエリック・
アダムス市長が、2022年2月にVegan Fridayという政策をスタート、
市内の全公立校のカフェテリアで提供する食事を週1回オール・ヴ
ィーガンにしました。更に、公立病院の入院食や市の施設で提供さ
れる食事に必ずプラントベースのメニューを入れるなどの施策を進
めています。また、カリフォルニア州では2018年から公立病院や老
人保健施設、刑務所等の食事メニューにヴィーガン食を提供してい
ます。なお、アメリカ連邦刑務所では、既に2016年からプラントベ
ースメニューが選べるようになっています。連邦軍で支給される糧
食にはベジタリアン食のオプションがありますが、ヴィーガン食は

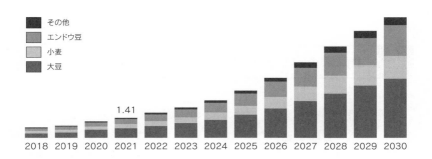

図2.4 米国の植物性食肉市場規模、供給源別（2018〜2030年）（単位：10億米ドル）
Polaris Market Research Analysis (https://www.polarismarketresearch.com/industry-analysis/plant-based-meat-market)

選べません。その中で80％の軍人がプラントベース食の選択肢を希望しているそうです。

　ハンバーガーやステーキなど「肉食の国」というイメージが強いアメリカですが、大豆や小麦、えんどう豆など植物性材料で作られた代替肉の需要も拡大しており、その市場規模は2021年の約50億ドルから2030年には約270億ドルになると予想され（ 図 2.4 ）、アメリカ人の５人に２人が毎日あるいは毎週、代替肉を食べています。以前からアメリカではさまざまな代替肉メーカーがハンバーガーパティなどの商品を販売していましたが、2010年前後にインポッシブル・フーズ（Impossible Foods）やビヨンド・ミート（Beyond Meat）など本物の肉と遜色ない風味の代替肉を製造する企業が出現し、肉が好きな人でも満足できる代替肉の商品が手軽に入手できるようになりました。人口の40％以上が肥満のアメリカは、肥満によって誘発される心臓病、高血圧、糖尿病、脳卒中などの疾病対策が急務であり、低脂肪の代替肉はそうした健康問題解決に寄与するとも期待されています。

　また、カナダ政府は2019年からプラントベースを基本とする食事指針を作成しており、カナダには230万人のベジタリアン、85万人のヴィーガンがいるという調査結果があります。

4　中南米のベジタリアン・ヴィーガン事情

　中南米諸国のベジタリアンは、この地域の総人口の８％と言われます。本章の冒頭で述べたように、メキシコはベジタリアン人口が世界で２番目に多い国とされ、人口の20％が肉や動物由来の食材を減らしたり避けたりしており、その多くは女性と言われています。メキシコにベジタリアンが多い理由としては、元々多彩な豆料理の伝統があり、ベジタリアン食が一般的だったことも関係しているか

もしれません。また、メキシコでは加熱調理を避けるローヴィーガ
ン（第5章参照）や、グルテンフリーのベジタリアン・ヴィーガン
食、フルーツをメインに食べるフルータリアンも人気です。

　ブラジルでは人口の14％（約3000万人）がベジタリアンで、2012
年から75％増加している他、63％のブラジル人が肉を減らしたいと
考えています。ブラジルの健康省が2014年に発表した食事指針に肉
食が健康に与える悪影響が明記されたことや、同国で盛んな畜産業
が森林伐採などによって地球環境を悪化させているという認識が広
まったことなどが、ブラジル人のベジタリアン・ヴィーガンへの関
心を高めているようです。ブラジルと並ぶ南米の大国、アルゼンチ
ンでは12％がベジタリアンまたはヴィーガンという調査結果もあり、
同国のような肉食が好まれる国であっても、ベジタリアンやヴィー
ガンの存在感が強まっていると思われます。

　そうした状況を受け、中南米地域でのプラントベース産業も躍進
しています。ブラジルのプラントベース産業は40％の成長率を上げ
ている他、AI技術でプラントベース商品を作るチリのスタートアッ
プ企業The Not Company（NotCo）などにソフトバンクが出資する
など、同地域でのプラントベース産業に世界的な注目が集まってい
ます。

5　アジアと太平洋地域の ベジタリアン・ヴィーガン事情

　2016年時点で、アジア太平洋地域には9％のヴィーガンがいると
言われていますが、これらの地域の特色は、健康意識や気候危機へ
の関心と共に、仏教やヒンドゥー教などベジタリアン・ヴィーガン
を実践する宗教の伝統があることです。世界最大のベジタリアン人
口を持つインドはその代表例と言えるでしょう。また、人口の13％

にあたる約300万人がベジタリアンという台湾には、中国語で「素食」と呼ぶ精進料理が食べられるレストランが多数存在しており、本物の肉や魚介類と見まがうばかりの精巧なベジタリアン料理を楽しむことができます。お隣の韓国では150万人が菜食をしており、若い世代を中心に５万人がヴィーガンと言われ、仏教の精進料理は韓国でも伝統的なベジタリアン・ヴィーガン料理です。

　一方、アジアでは富裕化や食生活の欧米化に伴って肉食消費量も増加しており、肥満に由来する病気（心臓病、高血圧、糖尿病など）を予防する施策も進められています。たとえば中国政府は2016年に野菜や大豆を十分に摂取するよう食事指針を改訂し、2030年まで肉の摂取量を50％減らすよう、国民に呼びかけています。

　東南アジアの国々でも、ベジタリアン・ヴィーガンへの興味が強まっています。１年以内にベジタリアンやヴィーガンになろうと考えている人の割合は、インドネシア43％、タイ37％、ミャンマー35％という調査結果もあります。

　また、東アジアや東南アジアでは、前述の Beyond Meat や Impossible Foods の製品も人気ですが、この地域で好まれる豚肉の代替肉ブランド、オムニポーク（Omnipork）はアジア発のプラントベースミートとして急成長を遂げています。なお、2015年から2020年にかけてのヴィーガン市場の伸び率では、中国、アラブ首長国連邦、オーストラリアと、アジア太平洋地域の国々が上位を占めており、オーストラリアはイギリスに続き、プラントベース食を好む人々が多いとも言われます。

　一方、パキスタンでは、2012年（14.7％）から2017年（約16.8％）にかけてベジタリアン人口が増加しましたが、これは同国の総人口の増加に伴うもので、背景には肉の値段が高騰し、購入できない層が増えた事情もあるようです。

　中東地域に目を転じると、イスラエルもベジタリアンが多い国として知られており、総人口の13％がベジタリアンです。また、トルコは2016年から2017年にかけて世界で７番目にヴィーガン人口が増

えた国という調査もあります。同地域では羊肉料理がご馳走とされ、肉食のメニューが人気ですが、ファラフェル（ひよこ豆のコロッケ）やタブーリ（麦のサラダ）など豆や野菜を使った中東料理も数多く存在します。その他、サウジアラビア王家のカレド・ビン・アルワリード王子はヴィーガンとして知られ、ヴィーガンレストラン・チェーンを中東地域に開業しています。

6　アフリカのベジタリアン・ヴィーガン事情

　アフリカ全域が対象のベジタリアンやヴィーガン人口のデータを探すことは困難ですが、18〜39歳の成人を対象とした調査で、エジプト（62％）、ケニア（80％）、ナイジェリア（76％）と高い割合でプラントベース・ミートに強い関心が持たれています。モロッコやガンビアではヴィーガン・フェスティバルなどのイベントが開催されており、アフリカ大陸でもベジタリアンやヴィーガンの関心が広まっていくことが期待されます。

　アフリカの中でベジタリアンやヴィーガンの人口が多いと推測できるのは、南アフリカです。CHEF'S Pencil が Google Trend を分析した結果、南アフリカはヴィーガンに関心が高い世界の国々のうち23位に入りました。

　中南米やアジアと同じく、アフリカの伝統料理には果物、野菜、穀物などを使ったベジタリアン・ヴィーガン料理が豊富です。実際には、ふだんベジタリアンやヴィーガン料理をよく食べているけれども、そうとは意識していない人も多いと言えるかもしれません。

ベジタリアン・ヴィーガン食品の認証をめぐる世界の動き

その商品がベジタリアン・ヴィーガンかどうかを知る目安として、認証機関のマークは非常に役立ちます。国際的にも使用されているベジタリアンやヴィーガン商品の認証制度としては、英国ヴィーガン協会（The Vegan Society）のThe Vegan Trademark、英国ベジタリアン協会（Vegetarian Society）のVegetarian/Vegan Trademark、欧州ベジタリアン連合（European Vegetarian Union）のV-Labelなどがあります。

一方、世界でベジタリアン・ヴィーガンへの関心が高まり、プラントベース食品の市場が拡大するにつれ、食品メーカーなどが独自の判断で「ベジタリアン」「ヴィーガン」「プラントベース」と謳い、消費者に混乱を招くケースも増えてきました。その結果、「ベジタリアン」「ヴィーガン」と書いてあるのに動物由来の材料を含む商品が見られるなどの事例が目立つようになり、信頼できる表示基準が必要だという声がイギリスを中心に高まっていました。

こうした状況を受けて、2006年、英国食品基準局（The Food Standard Agency）は、消費者の混乱を防ぎ、表示の一貫性の維持や改善を目的としたベジタリアンやヴィーガンの食品ラベルのガイダンス（Guidance on the use of the terms 'vegetarian' and 'vegan' in food labelling）を発表しました。このガイダンスは、英国ベジタリアン協会、英国ヴィーガン協会のアドバイスを受けて作成されたものです。具体的には、「ベジタリアン」「ヴィーガン」という表示をする場合は、「動物ではない、または動物から作られていない、動物由来の成分を使用していない」こと、この場合の「動物」とは「畜産動物、野生動物、家畜など。家禽類、魚、貝類、甲殻類、両生類、ホヤなど被囊類の動物、ウニなど棘皮動物、軟体動物、昆虫」を指すこと、更に「ヴィーガン」という表示をする場合は、「牛乳や卵と

いった生きている動物由来の食品やそれらが元になる成分の添加物を使用していない」ことなどが明記されました。

　また、コンタミネーションについては、「保管、準備、調理、展示の際に非ベジタリアン、非ヴィーガンのものとの混在がないことを証明すること」とされました。このガイダンスは、EU における食品ラベル表示規制（Regulation（EU）No 1169/2011「消費者に対する食品情報の提供に関する規則」）に反映され、2011年にEU議会により合法的な位置付けが承認されました。また、2018年にはスイスの提案により、ISO（国際標準化機構）でベジタリアン・ヴィーガンの国際規格制定に向けての議論が始まり、2021年３月にベジタリアン・ヴィーガンの国際規格ISO23662が発行されました。

まとめ

　ベジタリアン・ヴィーガンが増えていたり、プラントベース商品の売り上げが伸びていたりする国や地域には、①ベジタリアンやヴィーガンは健康によいという意識、②地球環境問題解決に向けての行動、という２つの共通点があります。①に関しては、政府など公的機関による食指針でベジタリアン・ヴィーガン食の利点を示していることが大きく影響していると思われますし、政府が植物性食品業界への投資や研究開発助成を行なっている国（カナダ、オランダ、ドイツ、フィンランド、シンガポール、インドなど）もあります。②については、本章でも繰り返し述べてきたように特に若い世代の意識が高く、ベジタリアンよりもヴィーガンへの志向が強い印象です。

　代替肉市場を牽引してきたBeyond Meatの株価が下がったとの報道もありますが、プラントベース商品開発・販売への参入は世界的な動きであり、第６章で述べられているような肉食の環境に与える

影響や世界人口の増加に伴う食糧問題を考えれば、脱肉食に向けた世界的な動きは今後も続くと思われます。また、動物由来の感染症対策、動物倫理なども、ベジタリアン・ヴィーガンが推進される理由であることは言うまでもありません。日本がこうした世界の潮流に遅れることがないよう、公民一体で環境整備を進めていくことが重要です。日本の人口の4.5％がベジタリアン、2.4％がヴィーガンという調査結果がありますが、少なくともプラントベース食の市場が広がっていることは間違いなく、2021年の日本のプラントベース市場は246億円にのぼりました。日本のベジタリアン・ヴィーガン環境の整備は、インバウンドに伴う「外国人ベジタリアン・ヴィーガンへのおもてなし」という観点から勧められてきましたが、コロナ禍を経てのプラントベース市場の活況は、実は日本国内にも需要があったことを示していると言えるでしょう。

　なお、本章で紹介したベジタリアン・ヴィーガンの調査については、回答者のベジタリアンやヴィーガンについての認識や調査規模、期間にばらつきがあるなど一概に比較できるものではなく、参照程度にご覧いただければ幸いです。

参考文献

- Worldwide growth of veganism
  https://www.vegansociety.com/news/media/statistics/worldwide.
- European Commission will start supporting plant-based diets in new Farm to Fork Strategy, but "chickened out" of removing EU funding for meat promotion, 2020
  https://www.hsi.org/news-media/european-commission-supports-plant-based-diets-farm-to-fork-strategy/.
- Why the Global Rise in Vegan and Plant-Based Eating is No Fad (30x Increase in US Vegans + Other Astounding Vegan Stats), 2023
  https://foodrevolution.org/blog/vegan-statistics-global/.
- EUROPEAN CONSUMER SURVEY ON PLANT-BASED FOODS, 2020
  https://corporate.proveg.com/wp-content/uploads/2022/02/PV_Consumer_Survey_Report_2020_030620-1.pdf.
- Position of the American Dietetic Association and Dietitians of Canada: vegetarian diets, 2003
  https://pubmed.ncbi.nlm.nih.gov/12826028/.
- NotCoが約95億円を調達、食品業界向けのAIプラットフォーム構築へ、2022
  https://foodtech-japan.com/2022/12/17/notco-4/.
- 高まる二次予防の重要性：アジアにおける心疾患医療の現状・課題、2020
  https://impact.economist.com/perspectives/sites/default/files/eiu_amgen_cost_of_inaction_jp.pdf.
- The Asia Food Challenge Understanding the New Asian Consumer, 2021
  https://www.pwc.co.nz/industry-expertise/food-production/afc-report-202109.pdf.
- The Vegan Trademark
  https://www.vegansociety.com/the-vegan-trademark.
- The Vegetarian Society Approved trademarks
  https://vegsoc.org/vegetarian-and-vegan-approved-trademarks/.
- V-Label
  https://www.v-label.eu/v-label.
- 健康食品関連規制調査（ＥＵ）、2017
  https://www.jetro.go.jp/ext_images/_Reports/02/2017/163c18027fba3469/kenkoshokuhin201703.pdf.
- FSA publishes guidance on vegetarian and vegan labelling, 2006
  https://www.foodingredientsfirst.com/news/fsa-publishes-guidance-on-vegetarian-and-vegan-labelling.html.
- Guidance on the use of the terms 'vegetarian' and 'vegan' in food labelling, 2006
  https://webarchive.nationalarchives.gov.uk/ukgwa/20120410214117/http://www.food.gov.uk/scotland/regsscotland/regsguidscot/vegiguidancenotes.
- REGULATION (EU) No 1169/2011 OF THE EUROPEAN PARLIAMENT AND OF THE COUNCIL, 2011
  https://eur-lex.europa.eu/LexUriServ/LexUriServ.do?uri=OJ:L:2011:304:0018:0063:en:PDF.

第3章

ベジタリアン・ヴィーガンの栄養学

仲本桂子

3.1.1　世界のベジタリアン研究

　ベジタリアンの栄養調査は、古くは1954年の米国臨床栄養学会誌『American Journal of Clinical Nutrition』にある、Hardinge MGとStare FJによる「ベジタリアンの栄養学調査：栄養、身体、および臨床検査的所見」に見ることができます。112人のベジタリアン（ヴィーガンと卵・乳菜食主義者）と88人の非ベジタリアンの成人、青年、妊婦の比較研究でした。栄養摂取量においては、ヴィーガンの青年以外は当時の栄養推奨量以上摂取しており、総タンパク、アルブミンなど、血液学的所見ではベジタリアンと非ベジタリアンで有意差は見られなかった、という結果が報告されています。

　最近のベジタリアン栄養調査では、ヨーロッパのヴィーガンについての系統的レビューで、WHOの推奨量と比較したところ、ビタミンB12、亜鉛、カルシウム、セレニウムの摂取不足が懸念されるが、必ずしも臨床的な問題と関連が見られるわけではなかった、と報告しています。

　世界的なベジタリアン研究では、非ベジタリアンと比較して、表3.1 のような結果でした。

　ヨーロッパ、東南アジア、アメリカ北部で植物性食品主体の食事をしているグループを対象にした2010年1月～2020年1月までの141の研究（うち、東南アジアの研究は33件。ほとんどが台湾、インド、中国の研究）について系統的レビューをした研究では、ヴィーガン、ベジタリアンで不足のリスクが高い栄養素がある反面、健康的な栄養素の摂取量が高い傾向にある、と報告しています。一方、非ベジタリアンでも、食物繊維、PUFA、α–リノレン（ALA）、葉酸、ビタミンD、ビタミンE、カルシウム、マグネシウムの摂取不足のリスクがあった、と報告しています。ただ、摂取量が同じでも生物学

非ベジタリアンと比較した場合のベジタリアンの栄養摂取状況

ベジタリアンで高い	ベジタリアンで低いか同じ	ベジタリアンで低い
食物繊維 多価不飽和脂肪酸 （PUFA） 葉酸 ビタミンC ビタミンE マグネシウム	タンパク質 鉄 亜鉛 カルシウム＊ ヨウ素＊	ビタミンB_{12}＊ ビタミンD EPA DHA

＊ヴィーガンで最低

表3.1 世界のベジタリアン栄養調査

的利用能が低いため、栄養状態が悪くなる（骨密度が低いなど）場合があることに注意が必要です。

　また、ベジタリアン食の質の高さを非ベジタリアン食と比較した健康食指数（Healthy Eating Index 2010）や地中海食スコアで系統的レビューをした研究があり、ベジタリアン食が非ベジタリアン食よりも健康食指数や地中海食スコアが高いことが報告されています。

　このように、世界中のベジタリアン研究を多く集めて分析した系統的レビューやメタ分析による研究が見られ、ベジタリアンで不足しやすい栄養素を指摘すると同時に、摂取量が多く好ましい栄養面での利点をあげ、逆に非ベジタリアンで不足しがちな栄養素を指摘し、環境面でも利点のあるベジタリアン食を支持しています。

3.1.2 日本のベジタリアン研究

　日本のベジタリアン研究は世界に比較して少ないながらも、世界のベジタリアン研究同様の傾向が見られます。世界のベジタリアン研究で取りざたされている栄養素について、非日本人ベジタリアンに比較して、日本人ベジタリアンの摂取状況を見ると、表3.2のよ

有意に低い	有意差なしか低い	有意差なし	有意差なしか高い	有意に高い
ビタミンB$_{12}$ ビタミンD コレステロール	エネルギー 脂質 タンパク質 n-3系脂肪酸 ビタミンB$_2$ 飽和脂肪酸	亜鉛 多価不飽和脂肪酸	カルシウム 鉄 カリウム 葉酸 ビタミンC ビタミンE	食物繊維 マグネシウム

表3.2 非日本人ベジタリアンと比較した日本人ベジタリアンの栄養摂取状況

うな結果が見られました。注目すべきことは、ベジタリアンで摂取不足が懸念されるカルシウム、鉄については、非ベジタリアンの摂取量と有意な差がないか、むしろ高いこともある、ということです。

有意に低い、ビタミンB12、ビタミンDの2つの栄養素については特に摂取不足にならないように注意が必要です。

2 菜食で十分な栄養は摂れる

3.2.1 米国栄養食料アカデミーの菜食に対する見解

米国栄養食料アカデミー（Academy of Nutrition and Dietetics）は1980年にベジタリアン食について見解書を出し、以降何年かごとに更新し、2016年のものが最新版になっています。2003年の見解書はベジタリアン学会誌『Vegetarian Research』で和訳を出版しています。

1980年には、動物性食品が供給する主な栄養素であるタンパク質について、「植物性タンパク質のアミノ酸の質と量を懸念し、穀類と豆類を相補的に食事ごとに食べるように」との見解が出されていますが、1988年の見解書では、「1日のうちに色々な食品を食べるのであれば、体内のアミノ酸が再利用されるため、必ずしも食事ごと

に相補的に食べる必要はない」となっています。

　立場表明（position statement）を見ると、初期は、「栄養的に十分である」という立場表明だけでしたが、1997年の見解書から、「特定の病気の予防・治療に有効である」ことが加わり、更に2016年には「環境にも優しい」ことについて触れられるようになりました。

　見解書ごとに取り扱われる栄養素についても多少違いがありました。ビタミンB_2については1980年と2003年の見解書で、ビタミンAについては2003年以外では取り上げられていません。ヨウ素について取り上げられたのは、2003年と2016年の見解書だけであり、日本人では、ヨウ素を豊富に含む海藻類を良く食べること、日本のヴィーガン女性と非ベジタリアン女性とでヨウ素摂取量に差がなかったという研究報告より、ヨウ素不足になる可能性は低いと思われます。そのため、現時点で、日本人ベジタリアンで特に配慮が必要な栄養素は、タンパク質、n−3系脂肪酸、鉄、亜鉛、カルシウム、ビタミンB_{12}、ビタミンDだと考えられます。

　「適切に準備された菜食（完全菜食も含む）は、健康的で栄養的にも十分であり、特定の疾患の予防と治療に有益です。また、入念に計画された菜食は妊娠・授乳期、乳幼児期、小児期、青年期、高齢期を通した全てのライフステージにある個々人、運動選手に適切です。更に、植物性食品を中心とした食事は、天然資源の使用量が少なく、環境に与える負荷が小さいことと関連があることから、動物性食品を中心とした食事より環境的に持続可能であると考えられます」（『米国栄養食料アカデミー見解書』菜食　2016年）

3.2.2　ベジタリアン・ヴィーガンで鍵となる栄養素

＊鍵となる各種栄養素の供給源は、 表3.9 「ベジタリアンで鍵となる各種栄養素の供給源」、ベジタリアンで鍵となる栄養素の推奨量は、 表3.10 「ベジタリアンで鍵となる栄養素の推奨量」

をご覧ください。

鍵となる栄養素
- ■タンパク質
- ■n‒3系脂肪酸
- ■鉄
- ■亜鉛
- ■カルシウム
- ■ビタミンB$_{12}$
- ■ビタミンD

■タンパク質

タンパク質はアミノ酸で構成されていて、体内でいろいろな組み合わせによって合成され、体の細胞や消化・吸収に使われる消化液や酵素など、さまざまなところで使われています。

これらのアミノ酸のうち、体内で合成されないアミノ酸を必須アミノ酸と呼びます。人が必要とする必須アミノ酸の種類と量をどのくらい含んでいるかでタンパク質の質を数値化したものが、アミノ酸スコア（アミノ酸価）です。牛乳や卵、肉、魚など、ほとんどの動物性食品のアミノ酸スコアが100と高いのに加え、日本人がよく利用している大豆・大豆製品のアミノ酸スコアも100と高くなっています（ 表3.3 ）。一方、穀類のアミノ酸スコアは低い傾向にあり、特に食パン、うどん、中華めんなどの小麦製品は44と低いです。

タンパク質の質は、アミノ酸スコアに加え、タンパク質の消化吸収率も考慮する必要があると考えられています。例えば、小麦（精白）96％に比較して、小麦（全粒）のタンパク質消化吸収率は86％と、10％低く、米国人のように肉、魚、ミルク、チーズ、小麦（精

種類	食品	重量	タンパク質 (g)	アミノ酸価	
豆類	大豆(ゆで)	100g	14.8	100	
	納豆	1パック(50g)	8.3	100	
	きな粉	大さじ1 (7.5g)	2.8	100	
	木綿豆腐	1/2丁(150g)	10.5	100	
	絹ごし豆腐	1/2丁(150g)	8	100	
	厚揚げ	½個(50g)	5.4	100	
	油揚げ(生)	½枚(30g)	7	100	
	がんもどき	大1個(100g)	15.3	100	
	高野豆腐(乾)	1枚(15g)	7.6	100	
	豆乳	コップ1杯(200g)	7.2	100	
	調製豆乳	コップ1杯(200g)	6.4	100	
	あずき(ゆで)	100g	8.6	100	
	いんげんまめ(ゆで)	100g	9.3	100	
	ひよこまめ(ゆで)	100g	9.5	-	
	レンズまめ(ゆで)	100g	11.2	-	
	焼き麩　窯焼き麩	10g	2.9	37	
穀類	食パン　6枚切り1枚(60 g)	60g	5.3	44	
	ご飯(玄米)	100g	2.8	90	
	ご飯(精白米)	100g	2.5	79	
	ご飯(胚芽米)	100g	2.7	-	
	うどん(ゆで)	200g	5.2	44	＊1
	そば(ゆで)	200g	9.6	65	＊1
	中華めん(ゆで)	200g	9.8	44	＊2
ナッツ類	カシューナッツ(フライ・味付け)	30g	5.9	100	
	くるみ(いり)	30g	4.4	62	
	ピーナッツ(いり)	30g	7.5	81	＊1
	アーモンド(いり・無塩)	30g	6.1	67	＊1

アミノ酸価はアミノ酸評定パターン(1〜2歳)で算出した値
＊1:アミノ酸価は(乾)の値
＊2:アミノ酸価は(蒸し)の値

表3.3　豆類・穀類・ナッツ類　タンパク質含有量

白）を主に食べるアメリカ食の消化吸収率は96％と高いのに比較して、米と豆類を主に食べるインド食では78％と、約20％低くなっています。

そのため、PDCAAS（タンパク質消化性補正アミノ酸スコア）、更に近年ではDIAAS（消化性必須アミノ酸スコア）でタンパク質の質を評価することが国連食糧農業機関（FAO）より推奨されています。卵、牛乳、牛肉に比較して、大豆のPDCAAS、DIAASは低めではありますが、値はそれぞれ、91、99.6と高くなっています。一方、小麦はそれぞれ42、40.2と低くなっています（PDCAAS、DIAASはそれぞれ、卵100、116.4、牛乳100、115.9、牛肉92、111.6）。

穀類はリジンの含有量が低く、豆類はメチオニンの含有量が低い傾向にあり、穀類と豆類を組み合わせて食べることで、お互いに少ないアミノ酸を補い合う相補関係にあります。以前は、一度の食事で必須アミノ酸を必要量摂らないと体内でタンパク質合成が行われないと考えられていたため、このように食べることが勧められていました。しかし、今では、健康な人ではアミノ酸を肝臓で貯蔵しておくことができるため、1日を通して豆類を含めたいろいろな食品を十分食べ、かつタンパク質がエネルギーとして使われないよう十分なエネルギーを摂っていれば必要なタンパク質を摂取できる、と考えられています。

ただし、ヴィーガンの乳幼児や子どもは、摂取するタンパク質の消化率やアミノ酸構成から、食事摂取基準より15～35％タンパク質を多く摂取することが推奨されています。

大豆食品を含めた豆類が、続いて種実類がタンパク質の供給源として優れています。穀類や野菜は多くはありませんがタンパク質を含んでいます。

非ベジタリアンはタンパク質を推奨量より摂りすぎる傾向にありますが、摂りすぎは、カルシウムの排出の増加、インスリン感受性の低下など多くの悪影響を及ぼします。

■n－3系脂肪酸

　アミノ酸と同様、油脂の中でも体内で合成されず、食物から摂取しなければならない必須脂肪酸、リノール酸（n－6系脂肪酸）とリノレン酸（n－3系脂肪酸）があります。このうち、n－3系脂肪酸は主に心疾患の健康、成長発達（特に脳や眼）、免疫機能に大切な働きをします。

　リノール酸は多くの種実類や豆類、穀類に豊富に含まれているので、摂取量に気を配らなくても十分摂れますが、植物由来のn－3系脂肪酸（α－リノレン酸）の供給源はそれほど多くありません。α－リノレン酸は体内で、青魚に多く含まれるDHA、EPAへと合成され大切な働きをしますが、α－リノレン酸からEPAへの変換率は10％以下、DHAへの変換率は更に低いといわれています。また、n－6系脂肪酸を多く摂りすぎるとEPA、DHAへの変換が阻害されます。リノール酸：α－リノレン酸の比は4：1よりリノール酸が多くならないようにすることが変換効率を下げないために推奨されています。

　n－3系脂肪酸の不足を避けるため、n－6系脂肪酸が主成分である脂質（ほとんどの植物性脂質）の多用を控え、α－リノレン酸豊富な亜麻仁やくるみなどをとり、時にはDHAサプリメントを使用することが推奨されます。

■鉄

　鉄は、体内で酸素を運ぶ赤血球に多く含まれ、免疫やDNA合成で大切な働きをします。

　身体は鉄の体内バランスを吸収率で調整しています。そのため、鉄の吸収は、食事に含まれる鉄の含有量、科学的な構造、食品の成分や各個人の要求度に影響されます。

　動物性食品から摂取できる鉄（主にヘム鉄）は、他の成分に影響されず吸収される傾向にあり（吸収率50％）、植物性食品から摂れる非ヘム鉄より吸収率（15％）が良いため、上質だと思われがちです。しかし、非ヘム鉄は野菜や果物に多く含まれるビタミンCや有

吸収促進	吸収阻害
ビタミンC	フィチン酸
クエン酸、リンゴ酸、乳酸、酒石酸などの有機酸	植物性ポリフェノールを含むコーヒー、紅茶、ハーブティーなどのお茶
（大豆）発酵食品	香辛料（ターメリック、コリアンダー、チリ、タマリンドなどタンニンを含む香辛料）
貯蔵鉄の少ない人	
鉄含量の少ない食事	
鉄の形態（第一鉄　Fe^{2+}）	

表3.4　非ヘム鉄の吸収に影響する因子

機酸によって吸収率が良くなります（表3.4）。

　逆に、カルシウムサプリメント（ヘム鉄、非ヘム鉄とも）やタンニンなどのポリフェノール、フィチン酸は鉄の吸収を阻害するため、これらの成分が豊富な食品と一緒に食べなければ、更に吸収率をあげることができます。ポリフェノールやフィチン酸は非ヘム鉄と結合し、鉄の吸収を阻害します（表3.4）。

　ただし、未精製の穀類に含まれるフィチン酸は、穀類や豆類を焼成、浸漬、発芽、発酵させることによって鉄との結合が取れ、吸収されやすくなることがわかっています。

　ただ、近年の研究では、これらのポリフェノールやフィチン酸による鉄の吸収・阻害の長期的な影響は、バランスの良い食事をしていれば、かつて考えられていたほど大きな影響はない可能性があります。

　非ヘム鉄の吸収率は体内の貯蔵鉄が十分な場合は、低いと2～3％、貯蔵鉄が少ない場合、高いと14～23％にまで高くなります。その影響か、栄養バランスよく食べているベジタリアンと非ベジタリアンとで、血中ヘモグロビン値や鉄欠乏性貧血のリスクに大きな差

吸収促進	吸収阻害
クエン酸などの有機酸	フィチン酸
含硫アミノ酸	25mg以上の鉄のサプリメント
浸水、発芽、発酵、加熱	

表3.5 亜鉛の吸収に影響する因子

はないことが報告されています。

　鉄は酸化の性質があることから、ヘム鉄の摂取量が多過ぎると、糖尿病、メタボリック症候群、大腸がんのリスクが高くなると言われていて、その点でもベジタリアンは健康的だと考えられています。

　*フィチン酸：未精製穀類や豆類、ナッツ類などに多く含まれ、鉄や亜鉛などのミネラルと強く結合し、人体では分解できないため体内で吸収されにくくなります。一方で、抗酸化作用があり、抗がん効果などが注目されています。

■亜鉛

　亜鉛は、体内で細胞やタンパク質合成などの働きに関与し、免疫機能や成長に大切な栄養素です。亜鉛の吸収率は変動が大きく、摂取量が低かったり、必要量が増加したりすると吸収率がかなり増加します。

　植物由来の亜鉛はフィチン酸の存在によって吸収率は低いかもしれませんが、発芽、発酵、浸漬、高温調理などによって吸収率がよくなります（表3.5）。また、含硫アミノ酸、クエン酸も亜鉛の吸収を良くします。かつて、タンパク質、特に肉は亜鉛の吸収を促進すると考えられていましたが、フィチン酸の量が同じであれば、ベジタリアン、非ベジタリアンに関わらず、亜鉛の吸収率は同じであることが報告されています。しかし、25ミリグラム以上の鉄のサプリ

メントは亜鉛の吸収を抑制し、逆に亜鉛の摂取量が低いと、体内での亜鉛の損失が少なくなったり、吸収率が良くなったりして、身体が対応します。

　フィチン酸塩を多く含み、かつ亜鉛豊富な未精製穀類、豆類、ナッツ類などを食べる時は、発芽、発酵、浸漬、高温調理などの調理法を利用し、柑橘類や梅干しなどに含まれるクエン酸やタンパク質豊富な食品と一緒に食べるようにしましょう。逆に、25ミリグラム以上の鉄サプリメントは、亜鉛が豊富な食事とは時間をあけて摂りましょう。

■カルシウム

　カルシウムは、歯や骨だけでなく、筋肉の収縮、神経伝達、血液凝固などに重要な働きをしています。骨粗しょう症予防のために、骨密度が最大になる20歳まではもちろん、その後ライフスタイルを通して骨密度を適正な状態に維持することは大切であり、そのためには、カルシウムをしっかり摂っておくことが大切です。しかし、カルシウムの吸収は年齢や妊娠・授乳、その他の食品の成分などさまざまな要因に影響を受け、吸収されたカルシウムは、骨への蓄積、腎臓を通しての尿中排泄によって調整されています。骨の健康のためには、単にカルシウム摂取だけでなく、カルシウムの吸収率、カルシウムバランスに悪影響を及ぼす多くの因子に気をつける必要があります。カルシウムの吸収は植物性食品に含まれるフィチン酸、食物繊維、特にシュウ酸に阻害されますが、ほうれん草などに含まれるシュウ酸はゆでることで少なくすることができます。

　カルシウムの吸収率は、ほうれん草などシュウ酸が豊富な野菜で、低いと５％、シュウ酸含有量の少ない緑の葉野菜（白菜、ブロッコリー、青梗菜）の場合は50〜60％です。

　塩分の摂りすぎはカルシウムの尿中への排出を増加し、野菜や果物はカリウムが多く、カルシウムの流出を抑えます。

　豆類やベジミートを毎日食べる人は、週１回未満の人より股関節

吸収補助・促進	吸収阻害
ビタミンD	シュウ酸
	フィチン酸
	食物繊維
	過剰な塩分

表3.6 カルシウムの吸収に影響する因子

食品	吸収率(%)
ほうれん草	5
小松菜、モロヘイヤ、おかひじき	19.2
豆類、アーモンド、ごま、いちじく	20-25
牛乳	39.8
大豆製品（豆腐、豆乳）	30前後
白菜、ブロッコリー、青梗菜	50-60

表3.7 カルシウムの吸収率

の骨折リスクが低くなったことが報告されています。適量のタンパク質に加えて、十分なビタミンDはカルシウムの吸収を促進します。

骨折リスクでは、非ベジタリアンに比較して卵・乳ベジタリアンとは差がありませんでしたが、ヴィーガンでは30％高いことが報告されました。ですが、ヴィーガンでもカルシウムを525ミリグラム／日以上摂っていれば非ベジタリアンとの差はなくなりました。

日本人は欧米と比較して塩分摂取量が多いため、カルシウムをしっかり摂り、骨密度測定を定期的に行うことが大切です。

カルシウムサプリメントを摂る場合は、何回かに分けて摂ると良いでしょう。

■ビタミンB₁₂

ビタミンB12は、赤血球やDNA合成、神経組織などで重要な働きをしています。

この栄養素は一般的に動物性食品からしか得られません。大豆発酵食品や海藻類にはビタミンB12は含まれておらず、含まれていたとしてもビタミンB12類似体か不活性型であり、ビタミンB12の摂取量が少ない場合は、真のビタミンB12の吸収を妨げると言われています。

重度のビタミンB12欠乏症の初期症状は、異常な疲労感、手足や足のしびれ、認知力の低下、消化不良、小児の発育不全などです。ビタミンB12をほとんど、あるいは全く摂取していない人は健康に感じるかもしれませんが、長期的な潜在的欠乏は、ホモシステインの上昇をもたらし、心血管疾患、脳卒中、認知症、および骨の健康不良につながる可能性があります。

ビタミンB12の状態を評価するための臨床検査には、メチルマロン酸、ビタミンB12値の測定がありますが、ビタミンB12よりメチルマロン酸の方が感度が高いです。ベジタリアンは一般的に葉酸を多く摂取するので、ビタミンB12の欠乏症である悪性貧血は起こらず、神経系に影響が出るまでわからないことがよくあります。

牛乳や卵を摂るベジタリアンでも、ビタミンB12が十分でないことが報告されていますので、強化された食品やサプリメントから十分摂取することが大切です。

■ビタミンD

ビタミンDは、腸からのカルシウムの吸収を促進し、骨のミネラル化を調節します。また、細胞の成長・分化を制御する働きをしています。そのため、ビタミンDの摂取量が低いと、骨密度が低い傾向が見られます。夏の晴れた日（緯度が36度のつくば市あたり）であれば、日本人が顔、両手を露出した状態で、1日5〜15分の日光で1日に必要なビタミンDの約3分の2が得られますが、ガラスや

測定地点（緯度）	7月			12月		
	9時	12時	15時	9時	12時	15時
札幌（北緯43度）	7.4	4.6	13.3	497.4	76.4	2,741.7
つくば（北緯36度）	5.9	3.5	10.1	106.0	22.4	271.3
那覇（北緯26度）	8.8	2.9	5.3	78.0	7.5	17.0

表3.8　5.5μgのビタミンD量を産生するために必要な日照曝露時間（分）

　プラスチックなどの物質、汚染された空気、日焼け止めや衣類を通過した日光では、皮膚でのビタミンD生成がほとんど行われないようです。つまり、屋内の窓際での日光浴では、ビタミンD生成は期待できないということです。（表3.8）

　また、高齢者ではビタミンDの合成効率は低くなります。

　植物性食品由来のビタミンDの供給源はきのこ類だけですが、きのこを日光浴させることで、ビタミンDを増やすことができるようです。きのこ類、強化食品、サプリメントをしっかり摂るようにしましょう。

日光浴によるビタミンD産生の左右因子：
時間、季節、緯度、皮膚の色、日焼け止め、年齢

3.2.3　特に配慮が必要なライフステージにおける栄養のポイント

妊娠期・授乳期

　十分な食事をしていれば、乳児の出生時体重および妊娠期間は、ベジタリアンと非ベジタリアンの妊娠で同程度です。菜食は食物繊

維、葉酸の摂取が多いので、妊娠中の過剰な体重増加を避け、妊娠糖尿病、妊娠高血圧症候群、早産などのリスクを低下することができます。

　ベジタリアンの妊娠期・授乳期に必要な栄養素量は非ベジタリアンと一般的に変わりませんが、特にビタミンB₁₂、鉄、亜鉛、DHAの摂取に気をつけることは大切です。この期間、鉄、亜鉛の体内での吸収率が高くなりますが、必要量も高くなるからです。

　妊娠中、ベジタリアンの血中DHA濃度は非ベジタリアンに比べて低いことが多く、ベジタリアンおよびヴィーガンの母乳のDHA濃度は、世界平均よりも低いことが報告されています。DHAまたはn–3系脂肪酸の補給は、早産リスクの低下と関連しています。

＊エネルギー、タンパク質、ビタミンD、ビタミンB₁₂、葉酸、カルシウム、鉄、亜鉛、n–3系脂肪酸（特にDHA）の摂取不足に気をつけましょう。

＊副作用を避けるため鉄のサプリメントは30ミリグラム以下で摂取しましょう。

＊体重増加が十分でない場合は、ナッツ類やナッツバター、大豆製品、乾燥フルーツ、アボカドなど高エネルギー食品を利用しましょう。また、食事の頻度を多くすれば、摂取エネルギーを上げることができます。

乳幼児期

　ヴィーガンを含め、栄養バランスを適切に考慮した食事をすれば、乳幼児の成長は正常です。

　母乳育児が最善ですが、難しい場合は、乳児用に調整されたミルクや豆乳を利用しましょう。一般の牛乳や豆乳は、ミルクしか飲まない乳児に必要な栄養素が十分でないからです。離乳食導入は一般の乳児と同様に、豆をつぶしたものや豆腐などをタンパク質源としてあげます。タンパク質の消化率やアミノ酸スコアの要因でヴィー

ガンのタンパク質推奨量は一般よりも高くなります。

* 乳幼児期の一般指導に加えて、特にエネルギー、タンパク質、
  ビタミンB12、ビタミンD、カルシウム、鉄、亜鉛、n‐3系脂
  肪酸の摂取不足に留意しましょう。
* 乳児には十分な栄養が含まれる乳児用調整乳・豆乳を使用しま
  しょう。
* ヴィーガンはタンパク質を、1～2歳は推奨量より30～35％、
  2～6歳は20～30％多くとるようにしましょう。

学童期・思春期の子ども

　ヴィーガンを含め、栄養バランスを適切に考慮した食事をすれば、
子どもの成長は正常です。

　ヴィーガンの子どもは、タンパク質の消化率やアミノ酸スコアの
要因で一般のタンパク質推奨量より15～20％多く摂ることが推奨さ
れています。

　ヴィーガンの子どもは、脂質、特に飽和脂肪酸やコレステロール
摂取量が非ベジタリアンの子どもに比較して少ない利点があり、肥
満や高血圧の子どもの治療食に有効利用されています。

　この年代で鍵となる栄養素は、タンパク質、カルシウム、鉄、亜
鉛、ビタミンD、ビタミンB12です。

栄養素	食品	値	栄養素	食品	値
ビタミンB₂ (mg) 1.2mg	牛乳(200ml)	0.31	鉄(mg) 10.5mg	がんもどき(1個:80g)	2.9
	ヨーグルト(200ml)	0.29		大豆(ゆで100g)	2.2
	卵(1個50g)	0.16		いんげん豆(ゆで100g)	2.0
	納豆(1パック:50g)	0.28		きな粉(20g)	2.0
	アーモンド(10粒:20g)	0.21		きくらげ(乾5g)	1.8
	モロヘイヤ(生50g)	0.21		納豆(1パック:50g)	1.7
	アボカド(1/2個:70g)	0.14		大根の葉(生50g)	1.6
	乾椎茸(2個:10g)	0.17		小松菜(ゆで70g)	1.5
ビタミンB₁₂ (μg) 2.4μg	うずら卵水煮(3個)	0.7		油揚げ(40g)	1.3
	プロセスチーズ(1切:20g)	0.6		ほうれん草(生50g)	1.0
	牛乳(200ml)	0.6		根みつば(生50g)	0.9
ビタミンD (μg) 8.5μg	乾きくらげ(5g)	4.3	n-3系脂肪酸 (g) 1.6g	亜麻仁油(大さじ1:12g)	6.8
	干し椎茸(2個:10g)	1.7		えごま油(大さじ1:12g)	7.0
	舞茸(1/3パック:30g)	1.5		くるみ(5粒:20g)	1.8
カルシウム (mg) 650mg	ヨーグルト(200ml)	252		亜麻仁(全粒大さじ1:6g)	1.4
	牛乳(200ml)	231	亜鉛(mg) 8mg	アマランサス(玄穀40g)	2.3
	がんもどき(1個:80g)	216		そら豆(10粒:50g)	2.3
	モロヘイヤ(生50g)	130		大豆(ゆで100g)	1.9
	大根の葉(生50g)	130		ひよこ豆(ゆで100g)	1.8
	木綿豆腐(1/2丁:150g)	140		カシューナッツ(30g)	1.6
	プロセスチーズ(1切:20g)	126		ささげ(ゆで100g)	1.5
	高野豆腐(1個:20g)	126		そば(乾100g)	1.5
	ごま(10g)	120		レンズ豆(乾30g)	1.4
	厚揚げ(1/4枚:50g)	120		高野豆腐(1個:20g)	1.0
	小松菜(ゆで70g)	105		納豆(1パック:50g)	1.0
	干しひじき(10g)	100		玄米飯(小盛り1杯:100g)	0.8
	アーモンド(10粒:20g)	52		きな粉(20g)	0.8
	納豆(1パック:50g)	45		アーモンド(10粒:20g)	0.7
	乾燥わかめ(5g)	39		木綿豆腐(1/3丁:100g)	0.6

表3.9 ベジタリアンで鍵となる各種栄養素の供給源
各栄養素の下に1日の推奨量(30-49歳の女性、身体活動レベルⅡ。日本人の食事摂取基準 [2020年版]より)を記載していますので、毎日の食事の参考にしてください。各食品の栄養成分 値は日本食品標準成分表2020年版より

高齢期（65歳以上）

　高齢期のベジタリアンの栄養摂取状況は、非ベジタリアンと差はないことが報告されています。

　高齢期のエネルギー推奨量は若い時期より低くなりますが、他の栄養素の推奨量はそれほど低くありません。代謝機能の低下から、タンパク質を多く摂ることを推奨する研究報告もあります。また、

	タンパク質(g/日)		n-3系脂肪酸(g/日)		カルシウム(mg/日)		鉄(mg/日)		亜鉛(mg/日)		ビタミンD(μg/日)		ビタミンB12(μg/日)	
	男性	女性	男性	女性	男性	女性	男性	女性	男性	女性	男性	女性	男性	女性
0〜5か月	10		0.9		200		0.5	0.5	2	2	5.0		0.4	
6〜8か月	15		0.8		250		5.0	4.5	3	3	5.0		0.5	
9〜11か月	25		0.8		250		5.0	4.5	3	3	5.0		0.5	
1〜2歳	20		0.7	0.8	450	400	4.5	4.5	3	3	3.0	3.5	0.9	
3〜5歳	25		1.1	1.0	600	550	5.5	5.5	4	3	3.5	4.0	1.1	
6〜7歳	30		1.5	1.3	600	550	5.5	5.5	5	4	4.5	5.0	1.3	
8〜9歳	40		1.5	1.3	650	750	7.0	7.5	6	5	5.0	6.0	1.6	
10〜11歳	45	50	1.6	1.6	700	750	8.5	8.5	7	6	6.5	8.0	1.9	
12〜14歳	60	55	1.9	1.6	1000	800	10.0	8.5	10	8	8.0	9.5	2.4	
15〜17歳	65	55	2.1	1.6	800	650	10.0	7.0	12	8	8.0	9.5	2.4	
18〜29歳	65	50	2.0	1.6	800	650	7.5	10.5	11	8	8.5	8.5	2.4	
30〜49歳	65	50	2.0	1.6	750	650	7.5	10.5	11	8	8.5	8.5	2.4	
50〜64歳	65	50	2.2	1.9	750	650	7.5	11(5.5)[*2]	11	8	8.5	8.5	2.4	
65〜74歳	60	50	2.2	2.0	750	650	7.5	(6.0)	11	8	8.5	8.5	2.4	
75歳以上	60	50	2.1	1.8	700	600	7.0	(6.0)	10	8	8.5	8.5	2.4	
妊婦[*1]	初期+0 / 中期+5 / 後期+25			1.6				初期+2.5 / 中期・後期+9.5		+2.0		8.5		+0.4
授乳婦[*1]	+20			1.8				+2.5			+3		8.5		+0.8

*1　鉄、亜鉛、ビタミンB12はそれぞれの年齢の推奨量に付加する量
*2　括弧内は月経がない場合の値
日本人の食事摂取基準2020年版より

表3.10　ベジタリアンで鍵となる栄養素の推奨量（あるいは目安量）

日光浴由来の変換率も低下するため、ビタミンDは食事からしっかり摂取することが大切です。吸収率が低下する反面、食事量が減るため、高齢期は特に栄養価の高い食品を食べることが推奨されます。この年代で鍵となる栄養素は、タンパク質、カルシウム、亜鉛、鉄、ビタミンD、ビタミンB6、ビタミンB12です。

3　栄養バランスの良い食事をするには

3.3.1　日本人用ベジタリアンフードガイド

　日本人用ベジタリアンフードガイド（図3.1）は、肉、魚介類などの動物性食品を代替品に置き換えた、栄養バランスの良い献立作りのためのフードガイドです。このフードガイドは2000キロカロリーで作成されていて、各食品群の1つ（サービングサイズ）の量的基準（図3.2）は、64ページのようになります。

　野菜群は約70グラム
　穀物群は炭水化物約40グラム
　たんぱく食品群はタンパク質約6グラム
　乳群はカルシウム約100ミリグラム
　果物群は果物約100グラム
　添加油・砂糖・調味料群は80キロカロリー

　各食品群の代表的な食品の1単位量例は、表3.11をご覧ください。

　料理をすると、食品群を混合したメニューが多く、どの食品群をどれだけ食べたかわかりづらいです。カレーを例にとると、野菜豆カレーなら、ご飯は穀物群1〜2つ、カレールーに野菜、豆類がたっぷり入っていれば、野菜群1つ、たんぱく食品群1つ摂れること

	2000kcalの推奨量	食品例
調味料 控えめに摂取しましょう。調理に使用する塩分は4g未満にしましょう。	**2.5つ以下** 1つは80kcal	マヨネーズ(大さじ1)　砂糖(大さじ1) オリーブ油(大さじ1)　蜂蜜(大さじ1) ドレッシング(大さじ2)　メープルシロップ(大さじ1) 塩(小さじ1弱)　醤油(小さじ4)　味噌(大さじ2弱)
果物群	**2つ** 1つは生の果物100g	柿(1個)　みかん(1個)　バナナ(1本)
乳群	**3〜3.5つ以下** 1つはカルシウム100mg相当	ヨーグルト(1パック100g)　牛乳 1/2杯(100ml)　チーズ 1枚(20g)
たんぱく食品群	**4つ** 1つはタンパク質6g相当	豆腐(1/3丁100g)　納豆 1パック50g　がんもどき(1/2個40g)　卵(1個50g)　豆乳(1杯200ml)　植物たんぱく(乾)(35g)　植物たんぱく(缶)(35g)
穀物群 半分以上は未精製穀物から摂取しましょう。	**4.5つ** 1つは炭水化物40g相当	玄米ごはん(1杯100g)　食パン(6枚切り1枚)　そば(ゆで)(1/2玉150g)　パスタ(乾)50g　玄米餅(2個100g)　うどん(ゆで)(1/2玉150g)
野菜群 緑黄色野菜を多めに摂取しましょう。	**7.5つ** 1つは野菜重量70g	モロヘイヤ　ブロッコリー　かぼちゃ　にんじん　にんにく　小松菜　きのこ(きくらげ)　海藻　いも

図3.1　日本人用ベジタリアンフードガイド(2000kcal/日)

＊乳製品を摂取しない場合
乳群の食品2つ分をたんぱく食品群1つ分として摂りましょう。カルシウム豊富な食品から1日に3つ以上食べましょう。
＊卵も乳製品も摂取しない場合
ビタミンB12強化食品あるいはサプリメントを摂取しましょう。

参考文献：臨床栄養 vol.114,No.5,2009p454-455

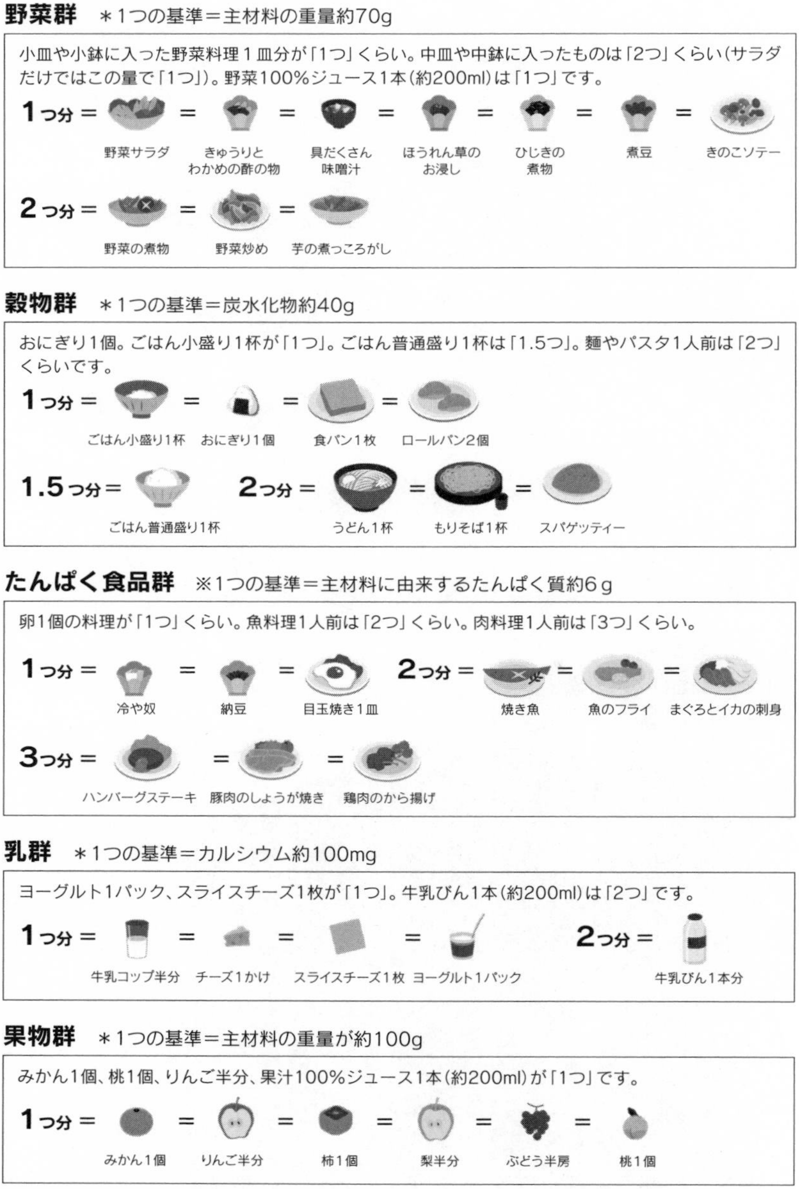

野菜群　＊1つの基準＝主材料の重量約70g

小皿や小鉢に入った野菜料理1皿分が「1つ」くらい。中皿や中鉢に入ったものは「2つ」くらい（サラダだけではこの量で「1つ」）。野菜100％ジュース1本（約200ml）は「1つ」です。

1つ分 = = = = = =

野菜サラダ　きゅうりとわかめの酢の物　具だくさん味噌汁　ほうれん草のお浸し　ひじきの煮物　煮豆　きのこソテー

2つ分 = =

野菜の煮物　野菜炒め　芋の煮っころがし

穀物群　＊1つの基準＝炭水化物約40g

おにぎり1個。ごはん小盛り1杯が「1つ」。ごはん普通盛り1杯は「1.5つ」。麺やパスタ1人前は「2つ」くらいです。

1つ分 = = =

ごはん小盛り1杯　おにぎり1個　食パン1枚　ロールパン2個

1.5つ分 = 　　**2**つ分 = = =

ごはん普通盛り1杯　　うどん1杯　もりそば1杯　スパゲッティー

たんぱく食品群　※1つの基準＝主材料に由来するたんぱく質約6g

卵1個の料理が「1つ」くらい。魚料理1人前は「2つ」くらい。肉料理1人前は「3つ」くらい。

1つ分 = = 　　**2**つ分 =   =

冷や奴　　納豆　目玉焼き1皿　　焼き魚　魚のフライ　まぐろとイカの刺身

3つ分 = = =

ハンバーグステーキ　豚肉のしょうが焼き　鶏肉のから揚げ

乳群　＊1つの基準＝カルシウム約100mg

ヨーグルト1パック、スライスチーズ1枚が「1つ」。牛乳びん1本（約200ml）は「2つ」です。

1つ分 = = = = 　　**2**つ分 =

牛乳コップ半分　チーズ1かけ　スライスチーズ1枚　ヨーグルト1パック　　牛乳びん1本分

果物群　＊1つの基準＝主材料の重量が約100g

みかん1個、桃1個、りんご半分、果汁100％ジュース1本（約200ml）が「1つ」です。

1つ分 = = = = = =

みかん1個　りんご半分　柿1個　梨半分　ぶどう半房　桃1個

図3.2　1つ（サービングサイズ）の量的水準
農林水産省Webサイト　https://www.maff.go.jp/j/syokuiku/zissen_navi/balance/division.html

食品群	野菜群	穀物群	たんぱく食品群	乳群	果物群	添加油脂・砂糖・調味料類
1単位量	野菜70g	炭水化物40g	タンパク質6g	カルシウム100mg	果物100g	1サービング80kcal
例	野菜サラダ大1皿 具だくさん味噌汁1杯 ほうれん草のおひたし小鉢1 ひじきの煮物小鉢1 きのこのソテー小鉢1 野菜の煮物小鉢1	ごはん(小盛り)1杯(100g) おにぎり(市販)1個 食パン(6枚切り)1枚 ロールパン2個 三宝グラノーラ70g うどん1/2杯 もりそば1/2枚 スパゲッティー1/2皿	豆類100g 大豆(ゆで)50g 木綿豆腐100g 豆乳200ml 納豆1パック 卵1個 野菜ハンバーグ1袋 植物タンパク食品(缶)35g 植物タンパク食品(乾)10g 植実類大さじ4(30g)	牛乳コップ1杯 チーズ1かけ スライスチーズ1枚 ヨーグルト1パック	みかん1個 りんご1/2個 柿1個 なし1/2個 ぶどう1/2房 桃1個	砂糖大さじ2(20g) ドレッシング 大さじ2弱(20g) 植物油大さじ1弱(10g) マーガリン 大さじ1弱(10g) マヨネーズ 大さじ1弱(10g) アボカド大1/4個(40g) 味噌大さじ2強(40g) ケチャップ 大さじ3.5弱(60g)

表3.11 日本人用ベジタリアンフードガイドの代表的な食品の1単位量

食品群	野菜群	穀物群	たんぱく食品群	乳群	果物群	添加油脂・砂糖・調味料類
1600kcal	6	3.5	3	3	1.5	2-2.5
2000kcal	7.5	4.5	4	3-3.5	2	2.5
2400kcal	8.5-9	4.5-5	5	3.5	2.5	3-3.5

＊1600kcal：ほとんどの女性
2000kcal：活動的な女性、ほとんどの男性
2400kcal：活動的な男性

表3.12 1日の摂取目安単位数(つ)

食品群	朝食(つ)	昼食(つ)	夕食(つ)	合計(つ)
野菜	1	3	3.5	7.5
穀物	1	2	1.5	4.5
たんぱく質	1	1	2	4
牛乳・乳製品	1	1	1	3
果物	1		1	2

表3.13 食事別食品群別の摂取単位数例(2000kcal)

になります。

　乳製品を食べない場合は、乳製品１つに対し、たんぱく食品群から２分の１つ摂取し、加えてカルシウム豊富な食品も食べるようにします（詳しくは次項 3.3.2 を参照）。卵も乳製品も摂取しない（ヴィーガンの）場合は、ビタミンB12強化食品あるいはサプリメントを摂取しましょう。

3.3.2 ベジタリアンフードガイドを使って栄養バランスよく

　「日本人用ベジタリアンフードガイド」は、2000キロカロリーで作成されています。１日に食べたら良い量は年齢、性別、活動量によって異なり、摂取する単位数の目安も異なります（摂取目安単位数）。

① **各食品群の１日の摂取目安単位数（ 表3.12 ）より、各食品群の摂取単位数を決めます。**

　ほとんどの女性は1600キロカロリー、活動的な女性や、ほとんどの男性は2000キロカロリー、活動的な男性は2400キロカロリーの目安量を参考にしてください。適切なエネルギー量は、適正な体重の場合、体重の増減で判断します。つまり体重が増えれば、エネルギー量が多いので減らし、体重が減ればエネルギー量を増やします。

② **①の摂取単位数を朝食、昼食、夕食に配分します（ 表3.13 ）。**

③ **対象者の嗜好や生活環境なども考慮してメニューを考えます。**
　ただし、乳製品を食べない場合は、 表3.14 をご覧ください。

　2000キロカロリーの場合、乳製品は３〜3.5つ、たんぱく食品群は４つが摂取目安単位数ですので、乳製品を食べない場合、たんぱく食品群を乳製品３〜3.5の２分の１、つまり1.5〜２追加して（４＋1.5〜２＝5.5〜６）、たんぱく食品群を5.5〜６つが摂取目安単位数に

表3.14　乳製品を食べない場合の調整例

乳製品1つに対し、たんぱく食品群から2分の1つ摂取し、加えてカルシウム豊富な食品も食べるようにします（表3.9参照）。例えば、豆乳をコップ半分と小松菜を1皿食べたり（この小松菜は野菜群のひとつにも数えます）、ごまのペーストを大さじ1杯弱（10グラム）入れた豆乳をコップ半分飲んだり、というようにです。

乳製品1つ	たんぱく食品群1/2つ	カルシウム豊富な食品
牛乳　コップ1/2杯	豆乳　コップ1/2杯	小松菜1皿
	豆乳　コップ1/2杯	ごまペースト 大さじ1

なります。

　また、乳製品を摂らない分のカルシウムが不足しますので、乳群の1つの基準はカルシウム約100ミリグラムですので、乳群3〜3.5分、つまり約300〜350ミリグラム分のカルシウムをカルシウム豊富な食品から摂ることが必要になります。カルシウム豊富な食品を1日に3つ以上食べましょう（表3.9参照）。

　卵も乳製品も摂取しない場合、ビタミンB12強化食品あるいはサプリメントも摂取しましょう。

3.3.3　メニューを考えるときの配慮

　メニューを考える際、ベジタリアンの種類によって使用しない食材は省き、時には代替品を加え、ベジタリアンで鍵となる各種栄養素の供給源（表3.9）となる食材をできるだけ使用するメニューを考えると良いでしょう。

　鍵となる各種栄養素の供給源は、以下の通りです。

n‑3系脂肪酸 —— 亜麻仁、えごま、くるみなど
鉄 —— がんもどきなどの大豆製品、濃い緑の葉野菜など

栄養素	配慮すること	例
タンパク質	タンパク質含有量・アミノ酸価の高い食材を選ぶ	大豆・大豆製品
	豆類と穀類の組み合わせで食べる	ご飯＋いんげん豆
	エネルギーをしっかり摂る	アボカド、ナッツ類、ナッツバターなどの利用
n-3系脂肪酸	リノール酸：α-リノレン酸＝4:1よりリノール酸が多くならないように。加熱調理には不向き	えごま油を使ったドレッシング ごま和えのごまの代わりに亜麻仁を利用
鉄	ビタミンC、クエン酸などの有機酸と一緒に摂る	レモン汁を使用した豆サラダ モロヘイヤの梅ドレッシング和え
	穀類や豆類を焼成、浸漬、発芽、発酵させる	発芽：発芽玄米、ビーン・スプラウト（少し発芽させた豆類） 発酵：納豆、未精製穀類で作ったパン
	緑茶、紅茶、コーヒー、ハーブティと一緒に摂らない	
亜鉛	クエン酸と一緒に摂る 穀類や豆類を焼成、浸漬、発芽、発酵させる 鉄サプリメントと一緒に摂らない	レモン汁を使用した豆サラダ 発芽：発芽玄米、ビーン・スプラウト（少し発芽させた豆類） 発酵：納豆、未精製穀類で作ったパン
カルシウム	シュウ酸の多いほうれん草などの野菜はゆでる 塩分の摂りすぎに注意 ビタミンD供給源と一緒に摂る 豆類やベジミートから適量のタンパク質を摂る 少なくとも525mg/日以上摂りましょう	小松菜と舞茸、ベジミートの炒め物
ビタミンD	きのこを日光浴させる	

表3.15 メニューを考える時・調理の際の配慮

亜鉛 ── そら豆、レンズ豆、ささげなどの豆類、大豆製品
カルシウム ── がんもどき、高野豆腐、厚揚げなどの大豆製品、ごま、濃い緑の葉野菜、ひじきなどの海藻類
ビタミンD ── きくらげや干ししいたけなどのきのこ類

　ビタミンB12の供給源のほとんどが動物性食品なので、特にヴィーガンはビタミンB12不足にならないよう注意が必要です。ビタミンB12の供給源は乳製品、卵の他、ビタミンB12を強化した食品です。
　また、ベジタリアンで配慮が必要な各栄養素を効率よく消化・吸収するために、 表3.15 の「メニューを考える時・調理の際の配慮」

食事バランスチェックシート（2000kcal）

1日の適量：野菜7.5つ、穀物4.5つ、たんぱく食品4つ、乳製品3-3.5つ、果物2つ

例　XX　月　XX　日（X）

食事	朝食	昼食	夕食	間食	合計
果物2つ	りんご1				1
乳製品3-3.5つ	牛乳2				2
たんぱく食品4つ	ベジハム1 卵1	豆腐1	八宝菜1		4
穀物4.5つ	シリアル1	そば2	ごはん1.5		4.5
野菜7.5つ		サラダ1	八宝菜2 サラダ1 中華スープ0.5		4.5

名前：＿＿＿＿＿＿＿＿＿＿＿＿＿＿

　　　月　　　日（　　　）

食事	朝食	昼食	夕食	間食	合計
果物2つ					
乳製品3-3.5つ					
たんぱく食品4つ					
穀物4.5つ					
野菜7.5つ					

表3.16　食事バランスチェックシート

			野菜	穀物	蛋白	乳	果物
			日本人用ベジタリアンフード ガイドの各食品群				
朝食	食パン：全粒粉、6枚切り、黒ゴマクリーム	1枚		1			
	いんげんと大豆のハム^aのソテー	小1皿	1		0.5		
	海藻サラダ　亜麻仁油ドレッシングがけ	大1皿	1				
	ビタミンD強化牛乳（豆乳）	コップ1杯				2	
	柿	1/2個					0.5
	アーモンド	約20g			0.5		
昼食	野菜そば	1枚		2			
	具：人参、もやし、椎茸、きゅうり、大豆ソーセージ^b、油揚げ、のり、和風ドレッシング	小1.5皿	1.5		0.5		
	枝豆	小1皿			1		
	みかん	1個					1
	具だくさん味噌汁：小松菜、舞茸、厚揚げ	お椀1杯	1				
夕食	玄米ごはん	中盛り1杯		1.5			
	ミネストローネスープ	お椀1杯	1				
	豆腐ハンバーグ　ひじき入り	中1個			1.5		
	青梗菜ときくらげのソテー	小1皿	1				
	小松菜、にんじんの浅漬け風	小1皿	1				
	ビタミンD強化（豆乳）ヨーグルトのキウイ添え	小1皿				1	0.5
サービング合計			7.5	4.5	4	3	2

＊メニューの（ ）内は乳群を摂取しない場合に摂取する食品。卵・乳製品を摂取しない場合はビタミンB$_{12}$強化食品、あるいはサプリメントを摂取すること。また、カルシウム豊富な食品を摂ること。

a　大豆のハム：大豆から作られたハム状の肉代替品
b　大豆ソーセージ：大豆から作られたソーセージ状の肉代替品

表3.17　日本人用ベジタリアンフードガイドが供給する
サンプルメニュー（2000kcal）

を参考にしてメニューを考えましょう。

　1からメニューを考えることもできますが、今の自分の食事を日本人用ベジタリアンフードガイドと比較して、食事バランスチェックシート（ 表 3.16 ）で評価し、そこに足りない食品群に当てはまる食品を加えていくという方法もあります。

■食事バランスチェックシートを使って、自分の食事を評価してみましょう。
①　1日の食事を朝、昼、夕、間食に分けて書き出します。
　　水、お茶、調味料・菓子などは、5つの食品群に当てはまりませんが、書くことでどれだけの量を摂っているか把握できますので、書き出しましょう。調味料・菓子は控えるようにしましょう。
②　それぞれの食事を食品群に分類します。
③　②で分類した食事・食材がそれぞれ何単位になるかを記載します。
④　それぞれの食品群で合計を出します。
⑤　それぞれの食品群の1日の摂取目安単位数（ 表 3.12 ）と④を比較します。

■それぞれの食品群の1日の摂取目安単位数と比較して、足りなかった、あるいは多かった食品群が1日の摂取目安単位数に近くなるように、メニュー・食材を調整します。

　日本人用ベジタリアンフードガイドは、日本人ベジタリアンが栄養バランスよく食べるための手助けをするツールです。このフードガイドに沿った食事をすればより理想的な食事をすることが期待できますが、完璧というわけではありません。もし心配な栄養素がある場合は、その栄養素の自分の推奨量（ 表 3.10 参照）を調べ、推奨量以上の量を供給源の食品（ 表 3.9 参照）から食べるようにしてみましょう。

4 栄養バランスの良い料理例

　ベジタリアンで配慮したい栄養素（ 3.2.2 参照）と供給源となる食材の表（ 表3.9 参照）を参考に、これらの食材をできるだけ使用してメニューを考えます。緑の濃い葉野菜、大豆・大豆製品はカルシウム、鉄が豊富ですし、大豆製品は亜鉛も豊富ですので、毎日のメニューに取り入れたい食材です。こういった食材を使ったレシピをレシピ本やインターネットで検索すると良いでしょう。

ベジタリアンレシピサイト
三育フーズ
https://san-iku.co.jp/recipe_cat
かるなあ
https://www.karuna.co.jp/cgi-bin/db_c/list.cgi
Vegewel
https://vegewel.com/ja/style/categories/recipe

大手レシピサイト
　「ベジタリアン」「ヴィーガン」で検索
　クックパッドでは、三育フーズの商品名「グルテンミート」で検索してもレシピが検索できます。

参考文献

- Hardinge MG, Stare FJ, Nutritional studies of vegetarians. Nutritional, physical, and laboratory studies, *The American Journal of Clinical Nutrition* vol.2(2), 1954, 73-82.
- Bakaloudi DR, Halloran A, Rippin HL, et al., Intake and adequacy of the vegan diet. A systematic review of the evidence, *Clinical Nutrition* vol.40(5), 2021, 3503-3521.
- Neufingerl N, Eilander A, Nutrient Intake and Status in Adults Consuming Plant-Based Diets Compared to Meat-Eaters: A Systematic Review, *Nutrients* vol.14(1), 29.
- Vesanto Melina, Winston Craig, Susan Levin, Position of the Academy of Nutrition and Dietetics: Vegetarian diets, *Journal of the Academy of Nutrition and Dietetics* vol.116(12), 2016, 1970-1980.
- Parker HW, Vadiveloo MK, Diet quality of vegetarian diets compared with nonvegetarian diets: a systematic review, *Nutrition Reviews* vol.77(3), 2019, 144-160.
- Clarys P, Deliens T, Huybrechts I, et al., Comparison of nutritional quality of the vegan, vegetarian, semi-vegetarian, pesco-vegetarian and omnivorous diet, *Nutrients* vol.6(3), 2014, 1318-1332.
- 土田満、藤本エドワード、「日本人の菜食における血漿アミノ酸と血清インスリンおよびグルカゴン濃度の関係」、『MOA Health Science Foundation Research Reports』vol.5、1996、1-9.
- 仲本桂子、渡邉早苗、恩田理恵、岩井達、「Nutritional Characteristics of Young Adult Japanese Vegetarian Women. Part I; Dietary Intake」、『女子栄養大学栄養科学研究所年報』vol.20、2014、75-82.
- 仲本桂子、渡邉早苗、工藤秀機、田中明、「日本人中高年菜食者の栄養状態の特徴」、『Vegetarian Research』vol.9、2008、7-16.
- Yoshida M, et al., Estimation of mineral and trace element intake in vegans living in Japan by chemical analysis of duplicate diets, *Health* vol.3(11), 2011, 672-676.
- 細見亮太ら、「日本人成人女性ビーガンの脂肪酸摂取量」、『Trace Nutrients Research』vol.28、2011、45-48.
- Position paper on the vegetarian approach to eating, *Journal of the American Dietetic Association* vol.77, 1980, 61-69.
- Position of the Academy of Nutrition and Dietetics: Vegetarian diets, *Journal of the Academy of Nutrition and Dietetics* vol.116(12), 2016, 1970-1980.
- 仲本桂子、清水克博、深田あすか、「Translation ADAレポート ベジタリアン食に関するアメリカ・カナダ栄養士会の見解(2003)」、『Vegetarian research』vol.10、2009、1-20.
- Position of the American dietetic association: Vegetarian diets-technical support paper, *Journal of the American Dietetic Association* vol.88(3), 1988, 352-355.
- Yoshida M, et al., Estimation of mineral and trace element intake in vegans living in Japan by chemical analysis of duplicate diets, *Health* vol.3(11), 2011, 672-676.
- 仲本桂子、香川靖雄、「栄養・保健・健康における植物性タンパク質の役割」、『栄養学レビュー』No.109、2020、257-273.
- Position of the Academy of Nutrition and Dietetics: Vegetarian diets, *Journal of the Academy of Nutrition and Dietetics* vol.116(12), 2016, 1970-1980.
- Craig WJ, Mangels AR, Fresan U, et al., The safe and effective use of plant-based diets with guidelines for health professionals, *Nutrients* vol.13(11), 2021, 4144.
- 日本人の食事摂取基準(2020年版)「日本人の食事摂取基準」策定検討会報告書、2019 https://www.mhlw.go.jp/content/10904750/000586553.pdf.

- 日本食品標準成分表2020年版（八訂）、2020
  https://www.mext.go.jp/a_menu/syokuhinseibun/mext_01110.html.
- 実教出版編集部、『オールガイド食品成分表2022』、実教出版、2022、386-387.
- RDN Resources for Consumers: Iron in Vegetarian Diets, 2018
  https://higherlogicdownload.s3.amazonaws.com/THEACADEMY/859dd171-3982-
  43db-8535-56c4fdc42b51/UploadedImages/VN/Documents/Resources/Iron-
  Consumer.pdf.
- ジョアン・サバテ、「ベジタリアン栄養学 歴史の潮流と科学的評価（第4節健康的なベジタリアン
  食への提言）」、『New Food Industry』、2015、52-73.
- Reed Mangels, et al., The Dietitian's Guide to Vegetarian Diets. Issues and
  Applications Third Edition, Jones & Bartlett Learning, 2011.
- 野中稔、水口聡、「搗精および加熱が雑穀の機能性に及ぼす影響」、『愛媛県農林水産研究所報告』
  第2号、2010、37-42.
- RDN Resources for Professionals: Zinc in Vegetarian Diets, 2020
  https://higherlogicdownload.s3.amazonaws.com/THEACADEMY/859dd171-3982-
  43db-8535-56c4fdc42b51/UploadedImages/VN/Documents/Resources/Zinc-
  Consumer.pdf.
- 上西一弘、江澤郁子、梶本雅俊、土屋文安、「日本人若年女性における牛乳、小魚（ワカサギ、イワシ）、
  野菜（コマツナ、モロヘイヤ、オカヒジキ）のカルシウム吸収率」、『日本栄養・食糧学会誌』vol.51
  （5）、1998、259-266.
- Vichuda Lousuebsakul-Matthews Donna L Thorpe, Raymond Knutsen, W Larry
  Beeson, Gary E Fraser and Synnove F Knutsen, Legumes and meat analogues
  consumption are associated with hip fracture risk independently of meat intake
  among Caucasian men and women: the Adventist Health Study-2, *Public Health
  Nutrition* Vol.17（10）, 2333–2343.
- RDN Resources for Professionals: Meeting Calcium recommendations on a Vegan
  Diet, 2019
  https://students.dartmouth.edu/health-service/sites/students_health_service.prod/
  files/students_health_service/wysiwyg/calcium_vegan_diet_0.pdf.
- 日諸外国の栄養素等摂取量の比較、2023
  https://www.nibiohn.go.jp/eiken/kenkounippon21/download_files/foreign/foreign_
  index.pdf.
- 日本人の食事摂取基準（2020年版）「日本人の食事摂取基準」策定検討会報告書、2019
  https://www.mhlw.go.jp/content/10904750/000586553.pdf.
- Miyauchi M, Hirai C, Nakajima H, The solar exposure time required for vitamin D3
  synthesis in the human body estimated by numerical simulation and observation in
  Japan, *Jornal of Nutritional Science and Vitaminology* Vol.59（4）, 2013, 257-63.
- 千葉剛、阿部圭一、「リスク集団におけるCOVID-19とビタミンD欠乏の関連」、『栄養学レビュー』
  No.114、2021.
- Wacker M, Holick MF, Sunlight and vitamin D: A global perspective for health,
  Dermatoendocrinol Vol.5（1）, 2013, 51-108.
- Craig WJ, Mangels AR, Fresan U, et al., The safe and effective use of plant-based
  diets with guidelines for health professionals, *Nutrients* Vol.13（11）, 2021, 4144.
- Vesanto Melina, Winston Craig, Susan Levin, Position of the Academy of Nutrition
  and Dietetics: Vegetarian diets, *Journal of the Academy of Nutrition and Dietetics*

vol.116, 2016, 1970-1980.

- RDN Resources for Professionals: Vegetarian Diets in Pregnancy, 2018
  https://higherlogicdownload.s3.amazonaws.com/THEACADEMY/859dd171-3982-
  43db-8535-56c4fdc42b51/UploadedImages/VN/Documents/Pregnancy-Vegetarian-
  Nutrition.pdf.
- RDN Resources for Professionals: Vegetarian Diets During Lactation, 2018
  https://higherlogicdownload.s3.amazonaws.com/THEACADEMY/859dd171-3982-
  43db-8535-56c4fdc42b51/UploadedImages/VN/Documents/Resources/Lactation-
  Consumer.pdf.
- 仲本桂子、「ベジタリアンと菜食（2）献立作成に際してのコツ」、『臨床栄養』114巻5号、454-455.
- ニュースタート健康法
  https://health.adventist.jp/ベジタリアンフードガイド/2000kcal/.
- 実践食育ナビ
  https://www.maff.go.jp/j/syokuiku/zissen_navi/balance/division.html.

第 **4** 章

ベジタリアン・ヴィーガンの健康学

山形謙二

4.1.1 アドベンチストの研究（AMS・AHS I ・AHS II）

　食事・運動・喫煙・飲酒などの生活習慣が、がん・心臓病・脳血管疾患・糖尿病・高血圧などの慢性疾患と大いに関係していることが判明したのは、1950年代以降のことでした。この生活習慣病の概念形成に多大な貢献をしたのが、キリスト教の一教派セブンスデー・アドベンチスト（Seventh-day Adventists：以下SDAと略記）でした。SDAの多くはベジタリアンであり、アルコール・タバコを避け、運動を奨励していることから、比較調査しやすい集団として、特に生活習慣と疾病との関係を研究する対象として用いられてきました。アドベンチストの研究で最も知られているのが、SDAの死亡調査（Adventist Mortality Study：以下AMSと略記）と健康調査（Adventist Health Study：以下AHSと略記）で、今まで専門誌に掲載されたSDAに関する健康・疫学調査の論文は400以上に上っています。

　最初に生活習慣病との関係が明らかになったのはタバコでした。後に生活習慣病究明のパイオニアとなった米国スローンケタリング記念がんセンターのワインダー医師は、1950年、肺がん患者を研究した結果、タバコとの因果関係の可能性を疑い、非喫煙者として知られているSDAをその研究対象として選びました。

　1960年、彼は米国ロマリンダ大学と協力して、カリフォルニア州に住む35歳以上のSDA 2万2940人を対象に、5年間にわたる健康調査を開始しました。これは後にAMSとして知られるようになった研究です。この研究は、同時期に行われたカリフォルニア州民100万人の健康調査と比較され、その最初の結果が1966年、米国医師会誌に報告されました。それによると、非SDAに比べ、SDAの全死亡率は48.6%、がん死亡率は49.3%であり、その他の疾患の死亡率でも著明な低下を示していました。更に、カリフォルニアの一般州民に比

較して、SDAの平均余命は35歳の男性で8.9年、35歳の女性では7.5年という著しい伸びを示したのです。

　このSDAの死亡率は、カリフォルニア州民の非喫煙者と比較しても更に低く、これには、タバコ以外に、SDAのライフスタイル、特にベジタリアン食が寄与しているものと推察されました。35〜74歳群で、カリフォルニア州民と比較した心疾患による死亡率は、SDA男性で、ベジタリアンは12％、非ベジタリアンは37％、SDA女性では、ベジタリアンは34％、非ベジタリアンは41％と著しく低かったのです。

　1974年、新たに25歳以上のSDA 6万3500人が参加したAHS I が開始されました。この研究の目的は、SDA内においてどのライフスタイルが特定の疾患に寄与しているかを明らかにすることでした。

　最初は、がんだけが研究対象でしたが、1981年から虚血性心疾患など他の疾患も対象に入れられました。2001年、その報告が米国医師会・内科学誌（7月9日号）に発表されました。それによると、カリフォルニア州において、SDAは非SDAより、男性で7.3歳、女性で4.4歳も寿命が伸びていることが判明したのです。更に5つの単純な生活習慣を実践することにより、寿命が更に、男性では10.8歳、女性では9.8歳も延びることがわかりました。これら5つの生活習慣とは、植物性主体の食事、非喫煙、週に数回のナッツの摂取、定期的な運動、そして適正な体重を保つことでした。

　2002年、The Adventist Health Study-2（AHS II）が開始されました。米国とカナダの9万6千人のアドベンチストを対象にしたコホート研究で、食事と主要ながん（乳・前立腺・大腸直腸・肺・子宮・膵臓・皮膚黒色腫）のリスクを研究しています。他のコホート研究と大きく異なるのは、約半数がベジタリアン（ヴィーガン8％、卵乳ベジタリアン28％、魚卵乳ベジタリアン10％、非ベジタリアン48％）という構成で、ベジタリアン食と健康に関する貴重なデータを提供しているところです。

　2013年の中間報告では、死亡に関しては、非ベジタリアンに比較

して全ベジタリアンのハザード比（HR）は0.88で、その詳細をみると、ヴィーガンは0.85、卵乳ベジタリアンは0.91、魚卵乳ベジタリアンは0.81、セミベジタリアンは0.92だったのです。

4.1.2 イギリスの健康調査（EPIC-Oxford）

EPIC（The European Prospective Investigation into Cancer and Nutrition）は、食事と健康に関するコホート研究で、ヨーロッパ10か国から52万人の参加者を含む大規模なもので、目的は、食事・ライフスタイル・環境因子と、がんと他の慢性疾患の発生率との関係を探求することでした。

この中でもイギリスのEPIC-Oxfordが有名です。これは23のEPICセンターの1つであり、この研究に、1993年から2000年にかけて、英国中から20歳以上の男女6万5500人が参加しました。この研究には多くのベジタリアンが参加し、52％が肉食者、15％が非肉食・魚食者、29％が卵乳ベジタリアン、4％がヴィーガンでした。

現在に至るまで、EPIC-Oxfordは、食事、特にベジタリアン食が、血中の栄養素・ホルモン・コレステロールや他のバイオマーカー（生物学的指標）を含めて、がん・虚血性心疾患やその他の慢性疾患のリスクと死亡率との関係に焦点を当てる研究をしてきています。

これまでに判明している結果によると、ベジタリアンと非ベジタリアンとの全死亡率の差は認められず、また両者の死亡率は一般英国民に比較して52％と低下しておりました。この事実から、この研究に参加した人々は健康志向の人たちであろうことが推測されます。EPIC-Oxfordのベジタリアンは非ベジタリアンに比較して、虚血性心疾患・糖尿病・憩室症・白内障・そしてある種のがんのリスクは低かったのですが、脳出血・骨折のリスクは高かったのです。

このEPIC-Oxfordは、北米のAHSに匹敵する大規模なコホート研究として徐々に評価されるようになりました。この2つのコホート研究は、ベジタリアンの研究に多大な貢献をしてきましたが、いく

つかの両者の相違点が指摘されています。

　AHSでは、同じアドベンチストのベジタリアンと非ベジタリアンが比較対象で、食生活以外は、非飲酒・非喫煙・運動など生活習慣は類似しているものでした。それに対し、英国のEPIC-Oxfordの場合は、飲酒・喫煙やその他の生活習慣など、補正が必要な因子が多く、AHSのように単純に比較できない側面があります。更に英国のベジタリアンは、飲酒率が高いこと、そして食事内容も一般の非ベジタリアン食から動物性食品を除いただけの食事が多く、豊富に全粒穀物やナッツ・野菜・果実を摂取している北米のベジタリアン食とは大きく異なっている点が指摘されています。

4.1.3 一般医学界・栄養学界による ベジタリアン食評価の歴史

　ベジタリアン食の栄養学・医学研究の歴史は、当時の栄養学界や医学界、そして一般社会の偏見との闘いの歴史でもありました。ベジタリアン食が生活習慣病予防に効果的であり、健康的な食習慣であることが積極的に評価されるようになったのは、21世紀に入ってからでした。

　2014年7月、米国臨床栄養学誌は、国際ベジタリアン学会の特集を組みました。その中で「ベジタリアン食：過去・現在・未来」と題した論文が掲載され、ベジタリアン食が徐々に欧米の医学界・栄養学界に受容されていった歴史が紹介されています。それによると、1970年代まではベジタリアン食の栄養学的な欠乏リスク（栄養失調の危険性）が強調されていましたが、1990年代になると肉主体の食事の問題点が指摘されるようになりました。そして21世紀になって初めて、ベジタリアン食は栄養学的に最適な食事であるとの見識が栄養学・医学界に広がっていったのでした。この論文は次のように締めくくっています。

　「21世紀初めにパラダイムシフトが起こった。ベジタリアン食は栄養不良を起こすという偏見は、ベジタリアン食はほとんどの現代

病のリスクを減少させることを証明した現代の科学的エビデンスにとって代わられたのである」[1]

用語解説

　この章では最近のベジタリアン食の医学・栄養学文献を紹介していきますが、研究方法に関するいくつかの用語が出てきますので、あらかじめ用語の解説をしておきます。

①　**ハザード比（HR）**：治療法などを使用する相対的な危険度を客観的に比較する方法で、英語でHazard Ratio（略してHR）と言います。例えばベジタリアン食（A）を非ベジタリアン食（B）と比較するとき、ハザード比が1であれば両者に差はなく、ハザード比が1より小さい場合にはAの方がBより有効と判定され、その数値が小さいほど、より有効であると判定されます。

②　**コホート研究（Cohort Study）**：調査開始時点で、仮説として考えられる要因を持つグループと持たないグループを追跡調査して、両者の疾病の罹患率または死亡率を比較する方法で、前向き研究とも言われます。

③　**横断的研究（Cross-sectional Study）**：臨床学的研究の一種で、ある時点における集団のデータ（横断的データ）を分析する研究方法で断面研究とも言われます。コホート研究のようにエビデンスレベルはあまり高くはありません。

④　**システマティックレビュー（Systematic Review）**：主に医学の分野で用いられ、特定のテーマ（食生活など）につきプロトコールに従った多くの臨床文献を調査した上で、質の高い文献を選択して総合的に評価し、その結果を統合して、あるテーマに対する批評を行うレビューです。

⑤　**メタ分析（Meta-analysis）**：あるテーマに関して類似した質の高い複数の臨床データをまとめて、ある要因（食事など）が特定の疾患と関係しているかを定量的に解析する統計学的手法です。

⑥　**システマティックレビューとメタ分析の相違**：最も信頼性の高いデータを提供するのが「システマティックレビュー」と「メタ分析」で、簡単に定義すれば、システマティックレビューは定性的でエビデンスの質を重視する網羅的な評価であるのに対し、メタ分析は統計解析法を用いた定量的な評価です。システマティックレビューにメタ分析を含む場合もあります。両者ともすでに報告されている一次研究を厳正な基準をもとに集めて結果を比較・統合する研究で、二次研究とも呼ばれています。

2　生活習慣病とベジタリアン食

　ベジタリアン食は、今までの多くの研究により、生活習慣病予防に効果的であることが証明されてきました。残念なことに日本の栄養学・医学界のベジタリアン食への評価が低かったため、日本からは有用な文献が出てきていないのが実情です。ここでは、主として最近の欧米の医学・栄養学誌から、生活習慣病とベジタリアン食との関係を論じた代表的文献を紹介しながら、ベジタリアン食の意義について考察してみたいと思います。

4.2.1　がんとベジタリアン食

　全世界で年間約１千万人ががんで亡くなっており、死因の上位を占めています。がんの中でも、乳がん・大腸直腸がん・前立腺がんは最も多いのですが、そのうち40％のがんは修正できるもの、すなわち予防しうるものであったと推測されています。
　今までの大規模なコホート研究では、ベジタリアンは非ベジタリアンに比較して、多くのがんの発生率が低いことが示されています。肉食に関しては、牛肉などの畜肉や鶏肉などが大腸がんのリスクと

なることは、今まで多くの研究結果が示しているところです。

2017年、86の横断的研究と10のコホート研究を総合して分析（メタ分析）した結果が報告されました。この研究で、ベジタリアンは非ベジタリアンと比較して、虚血性心疾患の罹患率は25％の減少、全がんの罹患率は8％の減少、そしてヴィーガンでは、全がんの罹患率は15％の減少が認められました。[2]

AHSⅡでは、ライフスタイルの危険因子とBMIを補正した後のがんリスク（HR）は、全てのタイプのベジタリアンを非ベジタリアンに比較すると、がん全体では0.92、特に胃腸のがんは0.76となっています。ベジタリアンを細分化すると、非ベジタリアンに対して、ヴィーガンの全がんのリスク（HR）は0.84、卵乳ベジタリアンは0.93、魚卵乳ベジタリアンは0.88、セミベジタリアンは0.98でした。特徴的なことは、ヴィーガンのリスクが、全がんで0.84、女性のがんで0.66と低く、卵乳ベジタリアンのリスクが消化管がんで0.75と低かったことでした。全ベジタリアンの大腸・直腸がんリスク（HR）も78％と低かったのですが、乳製品は大腸・直腸がんのリスク低下に関係していました。

2022年、がん死と食生活の関係について、英国での大規模な調査結果が報告されました。これは、47万人余りの人々を、その食生活によって、普通の肉食者・肉摂取が少ない者・魚食者・ベジタリアンに分類して、11.4年間、前向きに追跡調査（コホート）したものです。それによると、全てのがん死は、非ベジタリアンに比較して、ベジタリアンの死亡率は14％も低かったのです。この研究では、ベジタリアン食や魚食は、がんリスクをかなり減少させることが示されましたが、畜肉と加工肉を週5回以下に制限することでも、ある程度の効果があることも示されました。[3]

多くの疫学的調査から、がん予防効果を示してきた食物は「緑黄色野菜と果実」と言っても過言ではありません。野菜と果実に多く含まれているビタミン類や、食物繊維、ファイトケミカル、そして緑黄色野菜に含まれているカロテノイド（ベータカロチンなど）な

どは、がん予防効果があることが判明しています。

がん予防に関して、信頼できる文献として高く評価されているのが、米国がん研究財団の10年ごとの報告書です。初版は1997年に出版され、その後、10年ごとに改訂されてきました。2018年の最新版『食事・栄養・運動とがん：全地球的視野より』は、350万のがん症例と17種類のがんを含む5100万人のデータを総合的にレビューした専門家のレポートです。現代のがん予防と食事・栄養・運動に関する科学的研究では、世界最大規模となり、権威あるソースとして評価され多くの国の医療政策の基盤にもなっています。[4]

この最新レポートは「がん予防のための8か条」を提言しています。この8か条とは、①健康的な体重を保つこと、②運動をすること、③全粒穀物・野菜・果実・豆類を主たる食物とすること、④ファストフードを控えること、⑤畜肉と加工肉を控えること、⑥砂糖や甘いジュースを控えること、⑦アルコールを控えること、⑧サプリに頼らないことが挙げられています（但し、非喫煙は暗黙の大前提です）。

2022年、米国の代表的医療機関メイヨー・クリニックは「植物のパワー：がんリスクを下げる食事を用いること」と題して、次のように勧告しています。

「ある人たちは遺伝的にがんになるリスクが高いのですが、研究の結果、全がんの約25％近くが食事と栄養だけで予防しうることを示しています。研究結果によると、魚や乳製品や卵など動物性食品を全然食べないヴィーガンは、最もがんの少ない人たちです。次は、肉は食べないが魚や卵乳製品を食べるベジタリアンです。私たちは、がん予防の食物として『多くの全粒穀物、野菜、果実そして豆類を摂ること』を推奨しています」

4.2.2 心血管疾患とベジタリアン食

現在までのコホート研究では、ベジタリアン食は一貫して虚血性

心疾患のリスクを軽減することが示されています。

　1999年9月、5つのコホート研究を総合的に分析・検討した結果（システミックレビューとメタ分析）から、ベジタリアンは非ベジタリアンに比較し、虚血性心疾患のリスクは24％も減少することが報告されました。[5]

　2016年、米国医師会誌にハーバード大学グループによる『死因と動物性タンパク質・植物性タンパク質の摂取量との関係』という論文が掲載されました。[6] これは約13万人の医療関係者を約30年にわたって追跡調査したコホート研究で、動物性タンパク質の摂取量が多くなると、「心血管疾患による死亡」が多くなることが示されました。被験者のタンパク質摂取率の中央値（エネルギー換算）は、動物性タンパク質は14％、植物性タンパク質は4％でした。主なライフスタイルや食物のリスク因子を補正した後、動物性タンパク質の摂取量は全死亡率とは関係していませんでしたが、心血管疾患による死亡率には関係していました（ハザード比1.08）。更に、エネルギー換算で3％の動物性タンパク質を植物性タンパク質に変えることにより、加工畜肉からの場合、全死亡のハザード比は0.66、非加工畜肉からの場合0.88、卵からの場合0.81に改善されたのでした。この結果から「公衆政策は、タンパク質摂取の改善、すなわち植物性タンパク質の摂取量を多くすることに集中するべきである」と提言しています。

　AHS II によれば、心血管疾患による死亡率は、肉のタンパク質と強い相関関係にあり、ナッツと種子のタンパク質の摂取量とは強い逆の相関関係にあることが判明しています。これは、脂肪酸を補正した結果であり、肉のタンパク質自身が危険因子である可能性を強く示唆しています。更に冠動脈疾患の危険因子である血中コレステロール、血圧、糖尿病のリスク、そしてCRP値（炎症を測る血液検査）のような伝統的な冠動脈危険因子は、全てベジタリアンで著しく低下していました。

　2019年、AHS II は、非ヒスパニック系白人の心臓血管疾患の危険

因子、すなわち高血圧・総コレステロール・LDL（悪玉）コレステロール値、及びBMI・腹部肥満の結果を分析し、これら全ての値は、ベジタリアンは非ベジタリアンに比較して有意に低かったことが報告されています。

　2019年、米国心臓病学会誌に、冠動脈疾患や心不全の既往のない1.6万人の成人の追跡調査結果が報告されました。それによると、植物主体の食事では、心不全のリスクが41%減少していたのに対し、肉食主体の食事では、心不全のリスクは71%も増加していました。この結果に基づき「心不全の予防には、野菜、植物性のタンパク質（ナッツ・豆類・豆腐など）を多くし、肉を制限すること」であると結論しています。[7]

　2022年、過去10年間に発表された「ベジタリアン食の冠動脈疾患への影響」に関する287もの論文の中から、最も学術的に信頼しうる6つの論文を厳選して詳細に検討した包括的なレビューが報告されました。その結果として、「植物性主体の食事が心臓血管疾患に対して効果がある」と結論づけています。[8]

　2023年、欧州栄養学誌に、合わせて83.5万人を含む13のコホート研究を総合的に分析（システマティックレビューとメタ分析）した結果が報告されました。それによると、ベジタリアンのリスクは非ベジタリアンに比較して心血管疾患は85%、虚血性心疾患は79%、脳卒中は90%と低くなっており、結論として「ベジタリアン食は心血管疾患と虚血性心疾患を低下させる」と述べています。

　以上のように、一貫してベジタリアン食は虚血性心疾患のみならず、心不全を含めて心血管疾患のリスクを軽減することが示されています。

4.2.3　脳血管疾患とベジタリアン食

　2014年、それまでに報告された20のコホート研究を精査し、野菜と果実の摂取量と脳卒中の関係を調べた結果（メタ分析）が報告さ

れました。[9] それによると、野菜・果実の摂取量と脳卒中には関係があり、1日当たりの果実の摂取量が200グラム増加するごとに脳卒中は32％低下、野菜の摂取量が200グラム増加するごとに脳卒中は11％低下することが認められました。この結果から「野菜・果実の摂取量が増えると脳卒中は低下する」と結論されました。

2019年、EPIC-Oxfordの結果が報告されました。[10] それは、4.8万人余りを18年間にわたって追跡した結果で、魚食者とベジタリアンは肉食者に比較して、心臓病はそれぞれ13％と22％も低かったのです。ところが、ベジタリアンは肉食者よりも20％も脳卒中リスクが高く、それは主に脳出血によるものでした。

この報告は、今までの研究結果と異なるものとなり、意外なものでした。日本でも週刊誌などに大々的に取り上げて話題となり、「ベジタリアン食は脳卒中の危険性を高める」という主張が、一般社会のみならず医学界でもなされるようになりました。

これに対し、2020年、脳卒中に関する台湾の研究が、神経内科学誌に報告されました。[11] これは『ベジタリアン食と全脳卒中、脳梗塞と脳出血：台湾の2つのコホート研究』と題する報告でした。この台湾の研究は、脳卒中の病歴がない人を対象にした2つの研究で、「コホート1」は、2007年から2009年に参加した5050人、「コホート2」は、2005年に参加した8302人を2014年末まで追跡調査したものでした。ベジタリアン食と脳卒中発生の関係に関し、性別、教育程度、喫煙、飲酒、身体的活動度、BMI（コホート1のみ）、高血圧、糖尿病、脂質異常、そして虚血性心疾患の因子を補正した上で推測したのです。

その結果、コホート1では、脳梗塞と脳出血を合わせた全脳卒中の発生率は、ベジタリアンは非ベジタリアンの約半分のリスクでした。脳卒中の内訳では、ベジタリアンの脳梗塞は74％も低かったのですが、脳出血に関しては、総件数が8件と少なく、分析の対象にはなりませんでした。コホート2では、ベジタリアンは非ベジタリアンに比較して、全脳卒中のリスクはわずか半分であり、脳梗塞の

リスクは60％、脳出血のリスクは65％も低かったのです。

　この台湾の結果は、ベジタリアンの脳卒中が20％も多かったEPIC-Oxfordとは逆の結果でした。その理由の１つとして、この台湾の研究者は、EPIC-Oxfordではベジタリアンの80％は飲酒習慣があると指摘し、EPIC-study（EPIC-CVD case cohort study）では、飲酒と脳卒中のリスクに明らかな関係があったことに注意を喚起しています。

　この台湾の報告は、EPIC-Oxford以外のベジタリアンと脳卒中の関係についての研究報告とは一致していることに注目すべきでしょう。アドベンチストのAHSⅡと同様、この台湾の研究の特徴はベジタリアンと非ベジタリアンの両者ともが同じ宗教信者（仏教徒）であり、食事以外は禁酒禁煙を含めほぼ同じライフスタイルのグループを比較していることです。補正が必要な因子の影響が少ないだけ、その信頼性も高いと言えます。

　更に、この台湾の研究対象のベジタリアンの食事内容は、野菜、大豆、ナッツの摂取量が多いのが特色であり、これもAHSⅡのベジタリアンとも共通の特徴です。今までのコホート研究で、植物性タンパク質、食物繊維、そして抗酸化物質を多く摂取している場合は、脳卒中を予防することが示されています。

　以上のような理由から、EPIC-Oxfordの報告にもかかわらず、非ベジタリアンに比較してベジタリアンの脳卒中リスクは低いと言えるでしょう。

4.2.4　２型糖尿病とベジタリアン食

　糖尿病には１型と２型の糖尿病があり、１型糖尿病は、膵臓のインスリンを出す細胞（β細胞）が破壊される病気で、世界的には糖尿病全体の約５％が１型糖尿病と言われています。それに対し、２型糖尿病は生活習慣が関係しています。２型糖尿病は、体質（遺伝）に加えて、カロリー摂取過多、高脂肪食、運動不足、肥満などが危

険因子として挙げられています。その結果、インスリンの作用効果が低下するなどして血糖の上昇をきたします。

　植物性主体の食事が２型糖尿病に効果的であることが、多くの研究によって示されてきました。AHS II でも、ベジタリアン食は肥満を予防すること、更に肥満やライフスタイルによる因子を補正しても、ベジタリアン食は２型糖尿病を予防することが判明しています。２型糖尿病の罹患率は、ヴィーガンと卵乳ベジタリアンを合わせて、非ベジタリアンの半分となっています。２型糖尿病の罹患率は、ヴィーガン2.92%．卵乳ベジタリアンで3.2%、魚卵乳ベジタリアンで4.8%、セミベジタリアンで6.1%、非ベジタリアンで7.6%となっており、動物性食品の割合が増加するにつれて、罹患率も高くなっているのは興味深いことです。[12]

　2018年、ロンドン大学の研究者らは、２型糖尿病の食事療法について1240の論文の中から11の対照研究を厳選し、それらについてシステミックレビューをした結果を報告しました。[13]

　この報告は、２型糖尿病の治療において、植物性主体の食事は、多くの糖尿病協会が勧めている食事療法よりも効果的であることを明らかにしました。更に糖尿病患者のうつ病は２倍から３倍も高いとのWHOの報告を念頭に、身体的・精神的の両面から検討した結果、植物性主体の食事は、患者の全体的な健康と生活の質の実現に効果的であるという一貫したエビデンスがあることを見いだしました。

　この報告は結論として、「いくつかの糖尿病協会の公的ガイドラインと比較して、教育的介入を伴った植物性主体の食事は、感情的・身体的に良好な状態やうつ病などの全般的健康やグリコヘモグロビン値、体重、総コレステロール値、LDLコレステロール値（悪玉コレステロール）などを著しく改善する」と述べています。

　２型糖尿病の予防と治療には、果実、野菜、そして全般的に植物性食品を主体とした食事が良いという一貫した強力なエビデンスが示されていますが、更に全粒穀物（精白などの処理をしていない穀

物：玄米など）が、２型糖尿病に効果があることが示されています。

　全粒穀物に関しては、2018年に報告されたデンマークのコホート研究があります。この研究では、50〜65歳の男女約5.5万人を追跡調査した結果、全粒穀物をより多く摂っている人（上位25％）は、より少ない人（下位25％）に比較して、男子で34％、女性で22％も２型糖尿病の発生率が少ないことが示されました。[14]

　更に、2020年のハーバード大学の19.5万人を24年間追跡した研究では、主として全粒穀物を摂っている人は、ほとんど摂っていない人たちに比較し、29％も２型糖尿病が少なかったのです。全粒穀物は、精白したものより、食物繊維やビタミンB_1をはじめとしたビタミンB群、鉄分をはじめとしたミネラルが多く栄養価に富んでいます。また、食物繊維が多いと消化吸収を遅延し長時間にわたって空腹感を避けさせるため、血糖値を急激に上げないことでもあり、これも２型糖尿病疾患に効果があるのです。

4.2.5　高脂血症とベジタリアン食

　肉食はコレステロール上昇に関係し、コレステロール上昇は動脈硬化症と関係しています。そして、動脈硬化症は、脳卒中や虚血性心疾患・腎臓病などに関係しています。

　2013年、米国心臓病学会などが「食事からのコレステロール摂取量を減らすことが、血中コレステロール値を低下させる明確な証拠がない」として、「コレステロールの摂取制限を設けない」としました。この動きに呼応して、2015年、米国農務省と保健福祉省は「食事でのコレステロール摂取制限は必要ないこと」を明らかにし、日本でも厚生労働省による「日本人の食事摂取基準2015年版」では、コレステロール摂取の上限値が削除されました。他の動脈硬化疾患の危険因子がなく、LDLコレステロール値が正常な人は、食事でコレステロールを制限する必要はないとされています。

　ただ、飽和脂肪酸はLDLコレステロール値を増やすことが知られ

ています。コレステロールを多く含む動物性食品は、同時に飽和脂肪酸も多く含みますので、動物性食品に注意することが重要になってきます。

2019年、AHS II は、非ヒスパニック系白人の心臓血管疾患の危険因子である高血圧・総コレステロール・LDL（悪玉）コレステロール値、及びBMI・腹部肥満の結果を分析した結果を報告し、これらの値がベジタリアンは非ベジタリアンに比較して有意に低かったと結論しています。[15]

LDLコレステロールは活性酸素によって酸化され動脈硬化の原因となります。そのため、動脈硬化を防ぐために重要なのは、この活性酸素を抑制することです。活性酸素は、喫煙や飲酒、更に紫外線によっても生じますので、この活性酸素を抑えるためには、抗酸化物質を多く含む食品を摂ることが大切になってきます。緑黄色野菜には多くの抗酸化物であるファイトケミカルや、抗酸化ビタミンと呼ばれるビタミンCやビタミンEなどが含まれていますので、緑黄色野菜は動脈硬化予防に寄与しているのです。

4.2.6 肥満症とベジタリアン食

肥満は、高血圧・高脂血症・糖尿病・心疾患などのリスクを増加させますが、近年、がんリスクを増すことがますます明らかになってきました。

2017年、米国疾病管理予防センター（CDC）は、米国における体重超過と肥満に関係するがんの発生率を調査分析し、肥満は米国の全てのがんの40％と関係していると報告しました。そして女性のがんの約55％、男性のがんの24％は体重超過と肥満に関係していることを指摘し、体重超過と肥満を予防し治療する国家的努力を更に強化する重要性を強調しています。

2018年、米国がん協会によると、予防可能ながん危険因子トップ3は喫煙・肥満症・アルコールで、肥満によるがんリスクは7.8％、

がん死亡リスクは6.5％となっています。2020年、米国がん研究財団（AICR）は、「がん予防に関する勧告」の中で、「がんのリスクに関して、肥満は大きな役割を持っている。故に健康的な体重を保つことが重要である」と述べています。

　今までの研究は、一貫してベジタリアンでは肥満者が少ないことを示しています。AHSⅡのデータでは、同じ身長の非ベジタリアンよりも、卵乳ベジタリアンは、平均して8キログラム体重が軽く、ヴィーガンでは平均15〜16キログラムも軽かったのです。更に、AHSⅡのデータは、肥満度（BMI kg/㎡）は、ヴィーガン23.6、卵乳ベジタリアン25.7、魚卵乳ベジタリアン26.3、セミベジタリアン27.3、非ベジタリアン28.8となり、動物性食品の割合が増加するにつれて肥満度は高くなっているのです。AHSⅡでは、ベジタリアンは肥満度が低いのみならず、他のメタボリックシンドローム（高脂血症・糖尿病・高血圧など）のリスクも軒並み低下していました。

　PIC・Oxfordの報告でも、肉食者に比較して、魚食者・ベジタリアンそしてヴィーガンでは肥満者が少なく、特にヴィーガンでは肉食者よりも平均して1〜2 kg/㎡も低くなっていました。そして、肉食者に比較して、nonHDLコレステロールが低く、高血圧も少なかったのです。そしてこの差異は卵乳ベジタリアンよりも、ヴィーガンでより顕著でした。

　2020年、「植物性主体の食事と肥満」に関して、2019年までに発表された22の主要文献を総合的に分析評価した論文（システマティックレビュー）が報告されました。このレビューは、「植物性主体の食事による体重減少は、カロリー摂取・飽和脂肪酸、そして動物性タンパク質摂取の低下に加えて、繊維・多価不飽和脂肪酸、そして植物性タンパク質の摂取の増加により説明可能であろう」とし、結論として「植物性主体の食事へのシフトこそが、肥満・2型糖尿病・心臓血管リスク／疾患・リウマチ性関節炎を持つ人たちに対して、体重やBRIに対し健康上の益をもたらすことであろう」と述べています。[16]

以上のような最新の知見を踏まえて、2021年2月、米国肥満医学会（Obesity Medicine Association）は、「減量そして肥満予防のためには植物性主体の食事とすること」を勧めています。

4.2.7　腎臓病とベジタリアン食

　近年、ベジタリアン食が腎臓病の予防と治療に有用であるという研究が、ますます多く報告されるようになりました。

　2019年、米国腎臓病協会誌には、食生活と慢性腎臓病の発生率の関係について、約1.5万人を24年間追跡調査した結果が報告されました。調査期間中、4343人が慢性腎臓病を発症しましたが、そのHRは、健康的な植物性主体の食事を実践したグループは0.86だったのに対し、実践しなかったグループは1.11だったのです。その結果、「植物性主体の食事は慢性腎臓病のリスクを軽減する」と結論しています。

　2019年、ヨーロッパ腎臓病協会誌に、同協会の以下のような公式見解が発表されました。「長い間、食事のタンパク質制限は、腎臓機能保護のために提唱されてきたが、摂取したタンパク質による慢性腎臓病の有病率と進行リスクへの影響についてはほとんど研究されてこなかった。ここでは、この2つの側面について取り扱ってみたい。西欧で慢性腎臓病の主な原因となる高血圧・2型糖尿病や代謝性疾患は、ベジタリアン人口では低くなっている。更に、植物性主体の食事のいくつかの成分と、尿毒性トキシン、炎症、酸化ストレス、代謝性アシドーシス、リン酸負荷とインスリン抵抗性など慢性腎臓病の進行に関係する多くの因子との間には逆の関係がある。事実、多くの研究結果は、慢性腎臓病の一次的予防、そして慢性腎臓病の二次的進行に、植物性主体の食事が腎臓を保護する効果を持っていることを示している。多くの研究は、腎臓病の予防や腎臓病進行予防に、植物性主体の食事が効果あることを示している。故に慢性腎臓病の予防と治療に、ベジタリアン食が加えられるべきである

と提案する」

2020年、米国腎臓病ジャーナルの「臨床医へのガイド」では、「腎臓病には植物性主体の食事を推奨する」との勧告が出され、以下のように述べられています。

「近年、植物性主体の食事が、生活習慣病の予防と治療に有効であるというエビデンスが増えてきている。……この文献で、我々は植物性主体の繊維が豊富な食事について、腎臓病の予防、慢性腎臓病の発生率と進行、代謝性アシドーシス、高リン血症、高血圧、尿毒症、透析を含めての腎代替療法、患者満足度、生命の質、そして死亡率に関して得られるエビデンスをレビューし、更に、しばしば植物性主体の食事に関係する高カリウム血症とタンパク質不足に関しても得られるエビデンスをもレビューした。その結果、植物性主体の食事による益と害を考慮した上で、植物性主体の食事をより広く使用することを推奨する」[17]

米国腎臓財団（National Kidney Foundation）のホームページでは、これまでの研究結果を紹介しながら、「今までの研究結果からは、全粒穀物・ナッツ・果実・野菜を摂取することが、腎臓の健康を維持するために最も重要であることが示されている」と結論付けています。

4.2.8　骨粗しょう症とベジタリアン食

現在、ベジタリアン食を巡って、その骨密度や骨折への影響が論議の的になっています。多くの研究が発表されていますが、いまだに未解明のことが多く、明らかな結論は出ていません。ここでは最近のいくつかの代表的な論文を紹介してみましょう。

2019年、トータルで3.7万人の参加者を含む20の研究論文を分析・検討した大規模なメタ分析が報告されました。この報告書は次のように述べています。

「ベジタリアンとヴィーガンは非ベジタリアンに比較して、大腿骨

頸部と腰椎の骨密度は低下していた。ある研究結果は、他のベジタリアンとは異なって、ヴィーガンは通常の雑食者（omnivores）に比較して骨折を起こしやすい結果となった。これらの結果から、ベジタリアンとヴィーガンの低い骨密度は、雑食者に比較して臨床的に骨折リスクが高いことを示唆しているかもしれない。……ただ、ライフスタイルの因子が、食事と骨密度の関係に影響を与えている可能性がある。ベジタリアンとヴィーガンは通常の雑食者よりも、運動量が多く、喫煙率が低く、アルコールやカフェインの摂取が低いなど、より健康的な習慣を持っており、ベジタリアンの骨密度や骨折について、相異なる結果が出ている。ベジタリアンには、サプリメントや栄養強化食品摂取を増やして、適切なカルシウムとビタミンD摂取が勧められ、更にビタミンB12と共に適切なタンパク質、果実、野菜を摂取し、常に適切なカルシウムとビタミンDの摂取が勧められる」[18]

2020年、ベジタリアンの「骨の健康状態」に関するEPIC-Oxfordの結果が報告されました。これは、肉食者2万9380人、魚食者8037人、ベジタリアン15万3499人、ヴィーガン1982人を平均17.6年間追跡調査したものでした。この結果は、大腿骨頸部骨折の危険率は、肉食者に比較してのハザード比（HR）は、魚食者1.26、ベジタリアン1.125、ヴィーガン2.31で、10年間の骨折発生数は、それぞれ1000人当たり、2.9人、2.9人、14.9人でした。結論として「非肉食者、特にヴィーガンでは全骨折、特に股関節骨折のリスクが高かった。これは、ベジタリアンとヴィーガンの全骨折と複数の部位の特定的な骨折の最初のコホート研究であり、この結果は、ヴィーガンの骨の状態についてさらなる研究の必要性を示している」と述べています。[19]

AHSⅡは、ベジタリアンとセミベジタリアンそして非ベジタリアンのビタミンDの状態に関して研究調査を報告しています。その結果は、ベジタリアンではビタミンDの低下は認められず、食事よりも、ビタミンDのサプリや皮膚の色素沈着・日光浴など他の因子の

方が、ビタミンＤの血中濃度に大きな影響を与えていました。AHS
ⅠとAHSⅡに参加した女性1865人を25年以上経過観察した結果では、
ベジタリアンの中で、タンパク質の多い植物性食品を日に１回以上
摂取している人は、植物性タンパク質を週に３回未満しか摂取して
いない人に比較して手首の骨折リスク（HR）は0.20と５分の１でし
た。一方、植物性タンパク質摂取量が最も少ないグループだけを見
ると、週に４回以上の肉食者の手首骨折のHRは、肉を食べない人
比較して、0.20であったのです。この結果は、動物性・植物性にか
かわらず、タンパク質を多く摂取していることが骨折予防になるこ
とを示しています。

　2023年、これまでの13の研究について大規模なメタ分析をした結
果が、次のように報告されています。

　「ベジタリアンとヴィーガンは、骨密度が低いというリスクを持っ
ていることを示した。しかし同時に、植物性主体の食事は、通常、
骨の健康に重要な他の多くの微量栄養素、すなわちビタミンＣとＫ、
カロテノイド、カリウム、マグネシウム、マンガン、銅、シリコン
などに富んでいる。更に、体内における栄養素の役割とその栄養状
態に関する我々の知識が深まるにつれて、ベジタリアンとヴィーガ
ンの食事の内容も向上してきており、ますます微量栄養素の欠乏状
態にはなりにくくなっている。最近の研究結果によれば、少なくと
もベジタリアンの骨密度と骨粗しょう症による骨折リスクは、非ベ
ジタリアンと同程度のリスクになっている」[20]

　この論文が述べているように最新の医学データは、良質なベジタ
リアン食をしていれば、骨密度と骨粗しょう症による骨折リスクは、
少なくとも非ベジタリンと同程度になっていることを示しています。

結びに代えて

　これまでベジタリアン関係の信頼しうる医学的文献は圧倒的に欧米からのものであり、今回紹介した文献もほとんどが欧米からのものです。しかし、最近、日本の医学・栄養学界において、徐々にベジタリアン食の重要性が認められてきたのは喜ばしいことです。厚労省のe-ヘルスネットでも「野菜を十分に食べていますか」と呼びかけ、「野菜は、ビタミンやミネラル・食物繊維を多く含んでいます。多くの研究で、野菜を多く食べる人は脳卒中や心臓病、ある種のがんにかかる確率が低いという結果が出ています」と紹介されています。

　今後、ますますベジタリアン・ヴィーガン食の医学的意義が日本社会で認知されていくことを願ってやみません。

注

1 Claus Leitzmann, Vegetarian nutrition: past, present, future, *The American Journal of Clinical Nutrition* Vol.100(1), 2014, 496-502.

2 Dinu M, et al., Vegetarian, vegan diets and multiple health outcomes: A systematic review with meta-analysis of observational studies, *Critical Reviews in Food Science and Nutrition* Vol.57(17), 2017, 3640-3649.

3 Watling CZ, et al., Risk of cancer in regular and low meat-eaters, fish-eaters, and vegetarians: a prospective analysis of UK Biobank participants, *BMC Medicine* vol.20(1), 2022, 73.

4 Diet, Nutrition, Physical Activity and Cancer: A Global Perspective, the American Institute for Cancer Research & the World Cancer Research Fund, 2018.

5 Key TJ, et al., Mortality in vegetarians and nonvegetarians: detailed findings from a collaborative analysis of 5 prospective studies, *American Journal of Clinical Nutrition* Vol.70(3), 1999, 516-524.

6 Mingyang Song, et al., Association of Animal and Plant Protein Intake with All-Cause and Cause-Specific Mortality, *JAMA Internal Medicine* Vol.176(10), 1453.

7 Kyla M Lara, et al., Dietary Patterns and Incident Heart Failure in U.S. Adults Without Known Coronary Disease, *Journal of the American College of Cardiology* Vol.73(16), 2019, 2036-2045.

8 Funmilola Babalola, et.al, A Comprehensive Review on the Effects of Vegetarian Diets on Coronary Heart Disease, *Cureus* Vol.14(10), 2022, 29843.

9 Dan Hu, et al., Fruits and vegetables consumption and risk of stroke: a meta-analysis of prospective cohort studies, *Stroke* Vol.45(6), 2014, 1613-9.

10 ammy Y N Tong, et al., Risks of ischaemic heart disease and stroke in meat eaters, fish eaters, and vegetarians over 18 years of follow-up: results from the prospective EPIC-Oxford study, *BMJ*, 2019.

11 Tina H T Chiu, et al., Vegetarian diet and incidence of total, ischemic, and hemorrhagic stroke in 2 cohorts in Taiwan, *Neurology* Vol.94(11), 1112-1121.

12 Michael J Orlich, et al., Vegetarian diets in the Adventist Health Study 2: a review of initial published findings, *The American Journal of Clinical Nutrition* Vol.100(1), 2014, 353-8.

13 Anastasios Toumpanakis, et al., Effectiveness of plant-based diets in promoting well-being in the management of type 2 diabetes: a systematic review, *BMJ Open Diabetes Research & Care* Vol.6(1), 2018.

14 Cecilie Kyrø, et al., Higher Whole-Grain Intake Is Associated with Lower Risk of Type 2 Diabetes among Middle-Aged Men and Women: The Danish Diet, Cancer, and Health Cohort, *The Journal of Nutrition* Vol.148(9), 2018, 1434-1444.

15 Seiji Matsumoto, et al., Association between vegetarian diets and cardiovascular risk factors in non-Hispanic white participants of the Adventist Health Study-2, *Journal of Nutritional Science* Vol.8, 2019, 6.

16 Elisabeth Tran, et al., Effects of Plant-Based Diets on Weight Status: A Systematic Review, *Diabetes Metabolic Syndrome and Obesity* Vol.13, 2020, 3433-3448.

17 Shivam Joshi, et al., Plant-Based Diets for Kidney Disease: A Guide for Clinicians, *American Journal of Kidney Diseases* Vol.77(2), 2021, 287-296.

18 Isabel Iguacel, et al., Veganism, vegetarianism, bone mineral density, and fracture

risk: a systematic review and meta-analysis, *Nutrition Reviews* Vol.77(1), 2019, 1-18.

19 Tammy Y N Tong, et al., Vegetarian and vegan diets and risks of total and site-specific fractures: results from the prospective EPIC-Oxford study, *BMC Medicine* Vol.18(1), 2020, 353.

20 Alexey Galchenko, et al., The influence of vegetarian and vegan diets on the state of bone mineral density in humans, *Critical Reviews in Food Science and Nutrition* Vol.63(7), 2023, 845-861.

第 5 章

ローヴィーガンの
歴史・原則・調理と
ベジタリアン・ヴィーガン

いけやれいこ

はじめに

　この章ではベジタリアンの一種であるローヴィーガンを、主に歴史的な視点から紐解き、ベジタリアン・ヴィーガンとの関わりを調理学的な考察などを加えて解説します。

　ベジタリアンやヴィーガンと呼ばれる人々には、その目的や食生活のスタイルによってさまざまな種類がありますが、その中にローヴィーガンと呼ばれる人たちがいることをご存知でしょうか。

　ローヴィーガン（Raw Vegan）とは、ローフード（Raw Food）とヴィーガン（Vegan）を合わせた概念で「Raw」という文字のとおり、果物や野菜などの食材を「生」で食べるため、ヴィーガンよりも、更に一歩進んだ究極の完全菜食主義とも言えるでしょう。調理する場合は温度を48℃未満に保ち、熱に弱い酵素、ビタミン、ミネラルなどの栄養素を効率よく摂取します。ローフードにはローヴィーガンのほかに、非加熱の蜂蜜や乳製品、生卵を含むローベジタリアンのほか、生の魚貝や肉などを含む菜食以外のスタイルもあります。またローフードはリビングフード（生きている食べ物）と称される場合もあります。

　欧米では1990年頃からローフードに関するお店がオープンして話題となりました。日本では2010年頃からグリーンスムージー（後述詳細）が火付け役となり、その後コールドプレスジュースやチョップドサラダの流行によって、ローフードを実践する方が徐々に増えてきています。

　近年のローヴィーガンムーブメントでは1990年代から現在に至るまで、マドンナ、デミ・ムーア、ウディー・ハレルソン、ダナ・キャラン、スティング、キャサリン妃、ミランダ・カー、ヴィーナス・ウィリアムズなど、アスリートを含むヘルシー志向のセレブリティがローヴィーガン食を取り入れ、減量や美容、体調改善に著しい効果があったとの報告をメディアで公表しています。

　ヴィーナス・ウィリアムズは、米国の女子テニス元世界ランキング１位のスター選手で数々の輝かしい結果を獲得していますが、2011年に自己免疫疾患であるシェーグレン症候群と診断されました。ドライアイ、関節痛、倦怠感などの症状に苦しむ中、運動能力が急激に低下し、全米オープンを棄権しなければならないほどの状態に陥りました。しかし、彼女は食事療法として実践したローヴィーガン食を中心とする適切な治療によって、再びコートに立つことができたのです。インタビューで彼女は、「復帰後も、私はローヴィーガンという最良の方法で体内にエネルギーを供給しています。ローヴィーガン食を取り入れることでコート上でのパフォーマンスが上がるだけでなく、身体に正しいことをしていると感じられるのです」と応えています。

　調理を必要としないローヴィーガンの実践はとてもシンプルで、誰でも気軽に始めることができます。まずは朝食など１日のうち１食を生の果物や野菜に切り替え、少しずつ生活の中に取り入れてみてはいかがでしょうか。

１　ローヴィーガンの歴史と「ナチュラル・ハイジーン」

　そもそも、原初の人類の食事は全てローフードでした。故に、ローフードは人類本来の食事であるといえるでしょう。

　ローフードを主に食べるローヴィーガンの背景となっているのは、「ナチュラル・ハイジーン」という自然の法則に基づく健康理論で、その起源は紀元前６〜５世紀、2500年余り前の古代ギリシア時代にまで遡ります。

　ギリシアには古代から高度な文明があったことが知られています。その時代に生きたピタゴラスはギリシアの最も古い医師、数学者、哲学者として大変有名ですが、彼は西洋史上最初のベジタリアンで

もありました。ピタゴラスは哲学や宗教を教える自分の学校で生の果物や野菜を推奨し、自然健康法の理論やベジタリアンになることの重要性も説いていました。ソクラテス、ヒポクラテス、プラトンなどの賢人たちもまたベジタリアンであり、特にヒポクラテスはピタゴラスの教えを受け継ぎ、菜食の重要性を説き続け、定期的な断食も推奨していました。

ヒポクラテスが残した言葉に、「汝の食事を薬とし、汝の薬は食事とせよ」「人は自然から遠ざかるほど病気になる」「火食は過食に通ず」など、まさに今の世に必要と思われる多くの格言があります。実際に彼らが食べていたものは、新鮮な果物や野菜、生の蜂蜜、オリーブの実など、ローフードだけのベジタリアンだったと言われています。当時はベジタリアンのことを「ピタゴリアン」と呼んでいたことからも、すでに古代ギリシア時代にローフードを取り入れたベジタリアニズムが息づいていたことが窺えます。こうしたピタゴラスやヒポクラテスの食事こそが「ナチュラル・ハイジーン」の原点であり、それが現代のローヴィーガンの背景となっています。

けれども、ピタゴラスやヒポクラテスの教えは限られた範囲にしか受け入れられず、長続きしませんでした。その後のガレノスやパラケルススといった有力な医師や学者たちも、ローフードを広く普及させることはできませんでした。ローフードが再び医師の関心を取り戻して病気の治療や健康維持に使われるようになったのは、それからはるか後の1800年代に入ってからのことでした。

ローヴィーガンと深い関係を持つ「ナチュラル・ハイジーン」は自然と調和して生きることを重視する自然療法の一種で、「生命の基本的な必要条件、すなわち新鮮な果物や野菜などによるホモサピエンスとして適切な食事、清潔な水、澄んだ空気、十分な活動と休息（睡眠）、日光浴、感情の平静（ストレスマネージメント）などが満たされていれば、健康は維持される」という古代からの原理を反映しています。食事についてだけでなく、薬を使わずに健康を維持するための衛生的なライフスタイル全般を伝える「人間の健康および

健康維持のための科学」です。

　この理論は米国のニューイングランド地方であるコネチカット州で「ナチュラル・ハイジーンの父」と称される医師のアイザック・ジェニングスによって1822年に初めて医療に取り入れられ、後に『医療改革』などの書籍にまとめられました。産業革命隆盛のその時代、世の中は貧しく、非衛生的な生活環境がありました。病気になると瀉血（血を抜きとる）、ヒルを直接皮膚に貼り付ける、水銀やヒ素による毒物療法などの荒い治療を施していました。どの家も窓を閉ざし、糞尿は路上に捨てられ、入浴は禁止されるなど、衛生が完全に欠如していました。また、当時蔓延していたコレラは神からの罰であると人々は信じていました。感染を防ぐ最善の方法は肉をたくさん食べ、ワインを飲み、果物や野菜を避けること、というのが医学的な見解だったため、新鮮な果物や野菜の販売と消費は禁止されていたのです。そのため人々の典型的な食事は、精製された白いパンと汚染された肉やラード、それにアルコールでした。

　このような殺伐とした背景のもと、ジェニングスは、新鮮な果物と野菜のローフードと、入浴、換気、休息などを取り入れた衛生的なライフスタイルを提唱しました。そのジェニングスの活動に合流したのが、キリスト教長老派教会牧師で生理学者、健康教育のパイオニアでもあるシルヴェスター・グラハムです。グラハムは1837年に「米国生理学会（APS）」（米国初の菜食主義者だけで構成された団体）を医師のウィリアム・オルコット等と設立し、本格的な普及活動を始めました。ジェニングスと同様にグラハムは、肉、アルコール、油、スパイス、コーヒー、紅茶、チョコレート、煙草など、心身に刺激を与えるものを厳しく禁止し、ローフード食に全粒粉パンを加えた、健康的な菜食と生活習慣を指導しました。グラハムが開発した食物繊維を豊富に含む「グラハムクラッカー」は、今でも世界的に知られています。彼らは医師のトーマス・ニコル、ラッセル・トゥロール、女性医師のスザンナ・ドッズなど、医学界の先駆者などとともに、当時の不衛生で荒れた社会を変えていきました。

また、食事に限らずあらゆる衛生的な生活を提唱し、衛生学を学べる医学部を設立しました。その後グラハム等は、1850年の「米国ベジタリアン協会」設立に貢献し、ドッズは初代副会長を務めています。また、同じ時代のクリミア戦争に従軍した「看護師の祖」と称される英国のフローレンス・ナイチンゲールも「ナチュラル・ハイジーン」の理論を学び、多くの病人をその療法によって回復させていったのです。

　1860年代に入ると、グラハムの理論はセブンスデー・アドベンチスト教会などの新しい宗教運動へも影響を与えるようになりました。セブンスデー・アドベンチスト教会の創立に関わり、スミソニアンマガジンで米国の歴史上100人の最も重要な人物の一人に選ばれたエレン・ホワイトは、セブンスデー・アドベンチスト教会が運営するミシガン州バトルクリークのサナトリウムで館長を務めた医師のジョン・ケロッグと共に、グラハムの健康的な菜食を先導し、米国でのローフードを含む菜食運動の発展に重要な役割を果たしました。グラハムの熱烈な支持者であるケロッグは彼の理論に従って、今では世界中で知られているシリアルのコーンフレーク、ピーナッツバター、オート麦とナッツで作られたグラノーラなど、すぐに食べられる栄養価の高い植物性の加工食品を患者のために開発しました（開発当初のコーンフレークは、砂糖を含まない健康的なものでした）。ケロッグはそれらを一般へも販売し、その成功によって、健康的な菜食を米国人の朝食の定番として取り込ませることができたのです。

　国際ベジタリアン連合（IVU）の歴史によると、健康と福祉を重視しているセブンスデー・アドベンチスト教会は、19世紀後半から20世紀初頭にかけて療養所、病院、医学校など、さまざまなベジタリアニズムに基づく医療機関を設立し、米国での菜食普及に尽力したとされています。

　しかしその後、米国での「ナチュラル・ハイジーン」の基本原理はさまざまな代替治療が出現するなか、勢いを失っていきました。

反対に、同じ頃のヨーロッパでは、不治の病がローフードによって治癒することがわかり、再評価されはじめました。スイス人医師のマクシミリアン・ビルヒャー＝ベナーはじめドイツ人医師たちが、1800年代末にローフード療法による目覚ましい成功を収めたと報告されています。ビルヒャーは「生の食べ物こそが人間が本来食べるものである」とし、チューリッヒベルク（チューリッヒ東方にある山）の診療所で生乳を加えたローベジタリアン食を患者へ処方しました。彼は、食事だけでなく運動などの健康的なライフスタイルも組み入れることによって、リウマチ性疾患、皮膚疾患、循環器疾患、２型糖尿病、腎臓病、多発性硬化症、肝臓および胆囊の疾患、胃腸疾患、アレルギー疾患、気管支ぜんそく、頭痛と片頭痛などに苦しむ何千人もの患者の治療に成功しました。

　またビルヒャーは、患者のための治療食として「ビルヒャー・ミューズリー」というローベジタリアン食を開発しました。それは、12時間浸水した生のオート麦と皮ごとすり潰したリンゴ、レモン汁、砕いたナッツを混ぜ合わせたシリアルに生乳を加えたもので、現在では加熱された材料に変更されていますが、スイスの国民食として定番の朝食になっています。

　これらのローフード療法に関する情報は、インドを独立へ導いたマハトマ・ガンジーにも影響を与えました。ガンジーはベジタリアンとして知られていますが、ローフードを18歳から意識的に取り入れており、「人間の食物は太陽のあたった果物と木の実だけで十分」と述べています。彼が行った短期間の完全なローヴィーガンによる実験記録によると、麦やひよこ豆は浸水して発芽させ、アーモンドも生のまま、そのほか野菜などの食材も全て火を通さずに食しています。その後の長期間にわたるローヴィーガンの実験では、極度に衰弱したため医師の意見に従い、やむなくヤギの生乳を加えたローベジタリアン食に戻したことで、ようやく回復することができました（ヴィーガンに必須とされるビタミンB12などの研究がまだ進んでいない時代でした）。

ガンジーはヒンドゥー教のアヒンサー（非暴力・不殺生）の精神から、乳製品なしのローヴィーガン食で生きていけることを生涯切望していました。その後もガンジーの平和的な食事への探求はやまず、暗殺によって彼の人生に幕が下ろされるまで、断食とともにローフードの実験は幾度となく繰り返されました。そして『ヤング・インディア』誌に「ローフードには単に健康的な価値だけでなく、経済的、倫理的、精神的な価値もある」という言葉を残しています。

　スイスのビルヒャーに続く医学的なローフードの研究は、その後、ドイツのドレスデン（後に国際ベジタリアン連合＜ IVU ＞が設立された都市）で頻繁に行われるようになりました。そして、第一次世界大戦が終わり世の中が落ち着きを取り戻した頃から、実際にローフードが本格的にヨーロッパで、特にドイツで普及しました。それに伴い、果物や野菜を生のまま豊富に摂取することの予防的重要性が、多方面から認識されるようになりました。

　1930年、スイスの医師ポール・コウチャコフは「消化性白血球増加症とローフードに関する研究」の結果、「加熱した食べ物は白血球を増殖させ、生または低温調理の食事は白血球を増殖させない」ということを発見し、微生物学国際会議学会で発表しました。消化性白血球増加症とは、白血球が体内に異物を認識すると、すぐさま増殖して排除しようと働きかける症状で、コウチャコフは「１日の総摂取カロリーのうち加熱されたものが20％に満たない食事であれば、人体の白血球増加の毒性作用を起こさない」と述べています。

　同じ頃、ドイツの影響を受けて米国でもローフードが再認識され始めます。イギリス出身の理学博士で、生野菜ジュースの栄養における先駆者であるノーマン・ウォーカーが、生野菜ジュース健康法とともにローフードを全米に広めることに貢献しました。ウォーカーが開発したジューサーは、ドイツ系米国人医師であるマックス・ゲルソンの生野菜ジュース療法に取り入れられており、現在も製造販売されています。

　その後、前述のドッズから大きな影響を受けた「ナチュラル・ハ

イジーンのリーダー」と称される自然療法医のハーバート・シェルトンが、古代の衛生学の基本原理とそれまでの「ナチュラル・ハイジーン」のパイオニアたちの功績を科学的知識に基づき修正し、40冊近い書籍にまとめるという偉業を成し遂げました。シェルトンはテキサス州サンアントニオにて療養所を営みながら、水だけの断食指導により約4万人もの治療を成功させ、1948年に「米国ナチュラル・ハイジーン協会」を設立しました。その勢いある彼の活動に影響を受け、1956年に英国で、インド人の自然療法医であるケキ・シドワが「英国ナチュラル・ハイジーン協会」を設立しました。更に、ガンジーに倣いアヒンサーとヴィーガニズムを掲げた菜食活動家のインド系米国人ジェイ・ディンシャーが、1960年に「米国ヴィーガン協会」を設立しました（英国ヴィーガン協会の設立は1944年）。ディンシャーは「米国ナチュラル・ハイジーン協会」の理事、「国際ベジタリアン連合（IVU）」の理事、「英国ナチュラル・ハイジーン協会」の副会長も務めています。このようなことから「ナチュラル・ハイジーン」はベジタリアンやヴィーガンの活動と大変密接した関係を持っていることが見えてきます。

　同じ頃、前述のビルヒャーの影響を受けた「リビングフードの母」と称される自然療法医のアン・ウィグモアと、「リビングフードの父」と呼ばれるヴィクトラス・クルヴィンスカスの2人のリトアニア系米国人が、「ヒポクラテス・ヘルス・インスティテュート」をマサチューセッツ州ボストンに設立しました。彼らはウィートグラスジュースや発芽野菜を中心にしたローヴィーガン食で不治の病に苦しむ人たちを救いました。ウィートグラスジュースは小麦若葉を搾った青汁で、抗酸化物質のクロロフィル（葉緑素）を高レベルで含みビタミンや酵素も豊富です。そのため血液の浄化作用や免疫力の活性化などが期待できるとされ、米国では現在も健康志向の人々に飲まれています。

　1970年代に入ると、シェルトンから影響を受けた自然健康・治癒学博士のT・C・フライが多くの書籍を執筆し、「ナチュラル・ハイ

ジーン」の普及活動に貢献しました。同じ頃、前述のヴィクトラス・クルヴィンスカスは米国で初のローフードの指南書となる『21世紀への生存』を著し、大きな反響を呼びました。また、カウンターカルチャー運動（権威主義などに対抗する文化）を起こしていたヒッピーたちが、ベジタリアンやヴィーガンに加えローフードも取り入れ始め、ローフード運動が更に変化を迎えます。それ以降もシェルトンの功績は今日に至るまで、水だけの断食とともに、「ナチュラル・ハイジーン」を実践する医師や思想家たちに大きな影響を与え続けています。

　1985年に出版された「ナチュラル・ハイジーン」の教えを説いたハーヴィ＆マリリン・ダイアモンドの『フィット・フォー・ライフ』は1300万部を超える大ベストセラーとなり、「パブリッシャー・ウィークリー誌による世界の名著25冊」に選ばれました。同じ頃、医師のエドワード・ハウエルが酵素栄養学の有効性を科学的・医学的に証明した『酵素の力』を出版し、「ナチュラル・ハイジーン」およびローフードは世界中で認知されるようになりました。

　1990年代に入ってからも、医師のガブリエル・カズンズがアリゾナ州パタゴニアにローヴィーガンを治療食として提供するリトリートセンター「ツリー・オブ・ライフ・センター」を設立するなど、その普及は順調のように見えました。けれども、これらのほとんどが食の楽しみから外れた簡素なメニューだったため、一部の健康マニアには受け入れられたものの、ブームとまではなりませんでした。

　その現状を受けて、それまでの「健康に重点を置き、味を無視したローフード」とは別に、「健康だけでなく、味も見た目も共存させる」という新たな目標を掲げ、シェリー・ソリアというウィグモアの弟子が「グルメローフード」を誕生させました。彼女は1998年、カリフォルニア州フォート・ブラッグにローフードスクール「リビングライト・カリナリアーツ・インスティテュート」を開校し、世界各国で活躍しているローヴィーガンの専門家たちを多数輩出しています。このグルメローフードの誕生により、それまで治療食のイ

メージだったローフードは料理の分野でも認知され、病気の人だけでなく一般の人も健康維持や美容のため興味を持つようになりました。それ以降、先進国の成人病増加などの理由から、ローフード、特にローヴィーガンへの関心がますます高まり、米国を中心にローヴィーガンを実践するシェフや活動家などが、更に活発な普及活動を展開し始めました。

　「グリーンスムージーの母」と称され、ウィグモアから影響を受けたヴィクトリア・ブーテンコの著書『グリーン・フォー・ライフ』は、緑色の葉物野菜などに含まれるクロロフィルが人体に与える影響についてわかりやすく説明されており、近年のローヴィーガン実践者の間ではバイブルとして知られています。アスリート向けの低脂肪・高炭水化物のローフード食プログラムを確立した、元カイロプロテクターのダグラス・グラハムが著した『80/10/10ダイエット』も大きな反響を呼びました。カリフォルニア州ロサンゼルスでは、人気を博したシェフがローヴィーガンレストランを開き、レオナルド・ディカプリオやスティーブ・ジョブズ、ナタリー・ポートマンなどのセレブリティたちが常連客に名を連ね、大変な話題となりました。そのニュースをメディアがこぞって取り上げたことから、ローヴィーガンは急速にトレンディーかつヘルシーな食習慣として世界的に認知され、現在に至るまでベジタリアン・ヴィーガンとともに、その広がりを見せています。

2　ローヴィーガンの原則

　Advanced Research in Life Sciences（生命科学における先端研究）の2019年のレビューには、ローヴィーガン食の基本は「全ての動物性食品を排除し、植物性食品のみを食べる」、「生鮮食品、乾燥食品、低温調理食品、または発酵食品のみを食べる」、「48℃以上温度で調

理された食品を避ける」、「加工食品など、自然の状態ではない食品を避ける」と記されています。

　自分をローヴィーガン主義者だと捉えている人は、一般に、カロリーの80〜100％を生の植物性食品から摂取していると報告しています。

　ローヴィーガンの食材は未加工・未精製のホールフード、つまり出来る限り自然に近い状態で食するため、食物繊維、特に不溶性食物繊維が豊富です。調理する場合は48℃未満の低温を保つことから、熱に弱い酵素、タンパク質、ビタミン、ミネラル、ファイトケミカルなどの損失が少なく、活性酸素の形成や消化性白血球増加症を予防します。また、焼く、炒める、煎る、揚げるなどの高温調理により形成されるアクリルアミドやニトロソアミン、終末糖化産物（AGE）などの有害物質を避けることができます。更に、人間の体液は常にpH7.35〜7.45の弱アルカリ性に保たれていますが、ローヴィーガンの食材である生の果物や野菜の多くはアルカリ性形成食品です。

　ローヴィーガン食による身体への効果のひとつに体重の減少があります。それは減量を目的としない場合でも、ローヴィーガン食に切り替えると体重減少につながる可能性がありますが、多くの場合、一定期間を過ぎると過体重の人も低体重の人も、徐々にその人の適正体重に落ち着いてきます。その他に、血圧の低下、便秘の解消、体温上昇、免疫力の向上、疲労回復、肌の調子の改善、心の平穏など、ローヴィーガン食による効果が多数報告されています。

　このようにローヴィーガン食による利点は多くあります。その食事内容が酵素栄養学に基づいて適切に計画されており、厳選した栄養補助食品やサプリメントなども取り入れ、全ての栄養を正しく摂取できていれば、ローヴィーガン食だけで長期間継続することは可能です。けれども、食事内容が不適切で、それが長期間にわたる場合、総摂取カロリー、タンパク質、ビタミンB₁₂、ビタミンD、オメガ3脂肪酸、亜鉛、鉄、カルシウム、ヨウ素、セレンなどが不足し、欠乏症が起こる可能性があるため、正しい知識が必要です。ま

た、急激にローフードへ転換すると好転反応が出ることがあるので、身体の反応に合わせて少しずつ取り入れていくのがよいでしょう。

　ローヴィーガンを実践することで得られる効果は、健康だけではありません。生命の尊厳、地球環境保護、飢餓問題など、ベジタリアンやヴィーガンと重なる部分が多くあります。更に調理に使用するガスなどの燃料の使用量を減らせたり、工場を介さず畑や果樹園から届く生鮮食品が多いことから、より環境保護に役立つ可能性が期待できます。ある人にとってローヴィーガンは生き方としての選択であり、またある人にとっては単に食事としての実践であるなど取り入れ方もさまざまです。なお、ローフードは一般的な解釈としてスローフードと混同されることがありますが、スローフードとはファストフードに対して伝統的な文化を重要視するイタリアで発祥した運動で、ローフードとは異なるものです。

　加熱調理には、栄養素の損失や変質、有害物質の発生などのデメリットがあることを述べましたが、反対にメリットもあり、細菌やウィルスによる食中毒から身体を守る、繊維質が柔らかくなるため摂食しやすくなる、リコピンなどのカロテノイド類は加熱調理によって細胞内から解放されるため生よりも多くの栄養を吸収できる、などが研究で明らかにされています。ある研究では、トマトを調理するとビタミンC含有量は29％減少しますが、リコピン含有量は調理後30分以内に2倍以上になり総抗酸化能力は60％以上増加しました。別の研究では、ニンジンやブロッコリーに含まれるファイトケミカルの抗酸化力と含有量は、加熱すると増加することがわかっています。

　前述の通り、完全なローヴィーガン食で健康を維持しながら長期間続けることは可能ですが、ほとんどの人にとってそれは容易ではないでしょう。カロリー不足による低体重や、逆に満足感を得るために果物、種実類、アボカド、抽出したオイルなどの過剰摂取、ローフードのスイーツがやめられなくなるなどの問題も発生しやすくなります。

そのため「ナチュラル・ハイジーン」のパイオニアたちは継続しやすい方法として、ローヴィーガン食に、加熱された野菜や豆類、擬似穀類、色の濃い芋類などを適量加えることを推奨しています（加熱調理する場合は、蒸す、茹でるなどの調理法で、できるだけ短時間にします）。

　近年、米国の栄養学者たちにより「プラントベースのホールフード」（植物性で未精製の素材そのままの食べ物）」という食事スタイルを表す言葉が使われるようになりました。その食事は肉や他の動物性食品を完全に避けるわけではありませが、ほとんどは植物性食品の全成分を食べることから得ます。その目的はヴィーガンの動機となる倫理的および道徳的な考慮事項よりも、食事から動物性製品を排除することの健康上の利点に重点を置いています。また栄養学者たちは、「プラントベースのホールフード」だけでなく、「低脂肪」「低塩分」という項目を加えた食事を推奨しています。ローヴィーガン食も健康を維持するためには、これらの食事を意識することが大切です。

　そのほかのローヴィーガン食に関する栄養学的留意点の多くは、加熱ヴィーガン食のそれに重なるため、「第3章　ベジタリアン・ヴィーガンの栄養学」をご参照いただければ幸いです。

3	米国のローヴィーガン普及の裏事情 ―― 果物と野菜の消費拡大の取り組み ――

　肉類の過食や飽食の末、生活習慣病大国となった米国は、栄養学的研究に注力し徹底的な調査を実施した結果、1977年にマクガバン・レポートと称される『アメリカ合衆国上院特別栄養委員会報告書』を公表しました。それは5000ページにも及ぶ膨大なレポートで、「間違った食生活を改善しない限り肥満人口が増え多くの国民ががん

になり、米国は病と共に滅ぶだろう」という「食原病」を初めて明らかにしたものでした。米国国民は今まで信じてきた自国のスタンダードな食（SAD）や医療を根底から否定され、相当な衝撃を受けたといわれています。そのため1979年に、米国政府は国民の食生活を変えるための政策として、「ヘルシー・ピープル」と称する食育政策を始めます。

米国が肥満人口の増加を気にしはじめたのは20世紀はじめのことでしたが、国民の食習慣の改善について政府や国会で討論されることは一度もなく、マクガバン・レポートの登場まで70年も待たなければなりませんでした。食育に対して国家が本腰を入れたのは世界で米国が初めてで、それに続いて日本を含む先進諸国が国家レベルで食育に取り組むきっかけにもなりました。そのマクガバン・レポートを機に米国政府が立案した食育政策の中には、「果物と野菜を積極的に食べる習慣をつけるための国民運動の支援」という項目があります。その具体的な対策として、1986年からカリフォルニア州で国立がん研究所（NCI）と民間の非営利団体である健康増進青果財団（PBH）が実施主体となり、健康増進のために毎日5皿（1皿80グラム）以上の果物と野菜を食べる「ファイブ・ア・デイ事業」が導入されました。その結果は、1990年を頭打ちに、がん患者数および死亡数ともに減少していくという、日本では信じられないものとなっています。

この取り組みの成功で、1991年からは連邦政府の事業となり、全国的な運動に発展しました。その後、2000年版の「米国食生活指針」で、果物と野菜の摂取拡大の必要性が明示された後、「毎日の食品摂取量の約半分を果物と野菜で取ること」が推奨されました。そのような中、2005年に発行された、コーネル大学栄養生化学部名誉教授のコリン・キャンベル博士の『チャイナ・スタディ』（アメリカ国立がん研究所が資金提供し、さまざまな国家機関が関わり、キャンベル博士をリーダーに中国で行われた栄養とがんに関する研究レポート）が、世界的に大きな反響を呼びました。それには動物性タ

ンパク質の摂り過ぎのリスクとともに、食物繊維に富んだ果物や野菜、全粒穀物など「プラントベースのホールフード食」の大切さが説かれており、食育政策を更に後押ししました。その後、2010年にミシェル・オバマ元大統領夫人の呼びかけで、子どもの肥満撲滅運動「レッツ・ムーブ」として、政府や民間企業が食生活改善の取り組みを展開し始め、翌年、お皿の半分が果物と野菜で占められた、一目で理想的な食事が把握できる食事ガイドライン「マイプレート」が発表されました。

このような政府レベルの取り組みは、国民の肥満比率が経済協力開発機構（OECD）中トップで、子どもの肥満比率も高い米国の深刻な肥満問題と密接に関係しており、現在も国の重要課題の一つとなっています。

「果物と野菜から必要な栄養を摂る」という考えが国民に広く定着してきたことから、米国ではスーパーマーケットやコンビニエンスストアでの、すぐに食べられるパック入りサラダやカット野菜などの販売面積と売り上げ、及びサラダバーが設置されたレストランが大幅に増加し、日本よりも気軽にサラダが食べられる環境がはるかに整ってきています。その結果、ベジタリアンやヴィーガンと共にローヴィーガンの普及が底上げされていると思われます。

4 日本のヴィーガンと生菜食

日本の菜食は飛鳥時代の6世紀半ばに伝来した仏教に由来しています。その教義である慈悲の心に基づいて、鳥獣や魚など全ての生き物の狩猟と殺生を禁ずる「殺生禁断」の思想が広まり、675年に天武天皇が「肉食禁止令」を発布しました。その後、鎌倉時代の13世紀、曹洞宗の開祖である道元は、宋に留学して中国禅学を習得し、精神修養の手段として完全菜食の精進料理を確立しました。植物性

食品のみを使用する精進料理は季節感を大切にし、五法（生、煮る、揚げる、焼く、蒸すの料理法）、五味（醤油、酢、塩、砂糖、辛の味）、五色（赤、青、黒、黄、白）の組み合わせを厳しく教えています。道元の教えは和食（日本料理）の調理法に大きな影響を与えましたが、この仏教食が我が国におけるヴィーガンの原点と言えます。その後、仏教の菜食は江戸時代が終わるまで継続され、日本の食生活に定着していました。けれども、明治時代の文明開化により欧米人の肉食をまねるようになると、太政官布達により僧侶や尼僧の肉食は許され、時代の流れは菜食から離れていきました。

　そのような背景の中、軍医で薬剤師の石塚左玄は、食事で健康を養うための理論である「食養会」を創設し、玄米菜食の普及活動を始めました。石塚左玄は、肉を含む西洋型の食事は生理的に欠陥があると指摘し、「ナトリウムとカリウムとのバランスの崩れが病気を発症させる」とする陰陽調和を唱えました。そして心身の病気の原因は食にあるとし、多くの人々を食養で治しました。その石塚左玄の理論を受け継いだのが桜沢如一でした。彼は易経の陰陽に当てはめた論理を提唱し、これが現在の正食（マクロビオティック）へと受け継がれていきます。

　正食では少量の魚介類を食します。それは、広義にはペスカタリアンに分類されることがありますが、英国ベジタリアン協会では、魚介類を食するペスカタリアンはベジタリアンに含まないと定義しています。

　その正食を日本ベジタリアン学会の大谷ゆみこ理事は、雑穀を核に再構成してヴィーガン食に転換し、日本のヴィーガン食の発展に尽力されています。

　日本の生菜食については、江戸時代後期に「木喰（もくじき）」という火食と塩味を断った仏教の修行がありました。生の木の実や果実のみを食し、動物性食材だけでなく、米穀、野菜、塩味も摂取しない修行で、その修行をする僧侶を木喰上人といい、健脚で長生きだったと言われています。

時代を超え、大正6年（1917年）に、俳人の寒川鼠骨が雑誌『日本及び日本人』にドイツ人医師の生食に関する研究を掲載したのが、日本における医学的生食の最初の紹介であると思われます。また、米国で学んだ医師の宇野真彦が、大正9年に著書『新食養生法』の中で生食に関する効能を紹介しています。

　昭和初期までは、引き続き医師たちによって、ドイツのドレスデンでの生食療法に関する研究などが専門医学雑誌に紹介されました。その後、臨床にも応用されはじめ、胃潰瘍、リウマチ、ネフローゼ、便秘、結核、脚気などに関する報告がなされています。昭和16（1941）年の太平洋戦争勃発により食糧入手が難しくなり、生食療法は一時的に下火になりましたが、終戦後10年を経た昭和30年ごろからふたたび取り上げられるようになりました。

　中でも甲田光雄医師は、西勝造氏が考案した西式健康法を取り入れ、「西式甲田療法」を確立しました。それは断食と1日900キロカロリーの少食を組み合わせた生菜食療法で、生玄米と青汁を主にしており、高血圧、糖尿病、肝炎、緑内症、潰瘍性大腸炎などの病気を治療した数々の症例が著作に記されています。

　その「西式甲田療法」は栄養食糧学会等でも多くの研究論文が紹介され、飽食の時代に突入した我が国における生活習慣病などの疾病予防に大きな貢献をもたらしました。そのほか、亙繁医師、渡辺正医師、樫尾太郎医師なども生菜食療法の普及に貢献しました。近年では、元大阪市立大学教授の羽間鋭雄博士が、「西式甲田療法」による長期間にわたる完全生菜食の研究を論文発表されています。また、生菜食や生野菜ジュースの利点を治療食に取り入れ、がんの再発防止などに成果をあげられている医師も増えています。

　今、欧米では正食以上にローフードの知名度が上がってきています。日本では陰陽論が根強く、体が冷えるから生は食べないという人たちを多くみかけますが、日本には古来から柿や蜜柑などの果物、薬味野菜（葱、山葵、生姜、茗荷、紫蘇、山椒など）、大根おろし、とろろ芋、梅干し、干し柿、海藻、糠漬けなどのローフードがあり、

伝統的に食されてきました。菜食以外になりますが、刺身もローフードです。

ローヴィーガンの背景である「ナチュラル・ハイジーン」に関する情報は、日本ナチュラル・ハイジーン普及協会の故松田麻美子会長が米国から発信され、「ホールフード・プラントベース食」の最新情報の提供とともに尽力されました。

また、ローヴィーガン・ライセンス認定機関である日本ローフード協会、日本リビングビューティー協会などの団体が、グルメローヴィーガン料理などの普及に努めています。

---

5 ローヴィーガンの日々の食事と料理としてのグルメローヴィーガン ── 基本は果物と生野菜サラダ ──

　毎日のローヴィーガン食の基本は、新鮮で熟した生の果物と、葉物野菜を中心とした色とりどりの生野菜、それにひとつかみほどの種実類です。「ナチュラル・ハイジーン」では、概日リズム（体内時計）の観点から、排泄の時間帯である午前中に朝食として果物を食べることを勧めています。特に抗酸化物質が豊富なベリー類は、米国の栄養学者たちが毎日食べることを推奨しています（血糖値が正常でない場合は、甘い果物ではなく糖質が比較的少ないベリー類やサラダ野菜などにします）。ほとんどの果物は70％以上が水分で消化が早く、加熱調理された朝食に比べて体が軽いことを体感できるでしょう。また果物は、効率よく栄養を消化吸収するために、空腹時に単独で食べることをおすすめします。

　お昼と夜は、大皿に山盛りの生野菜サラダを主食とし、食事のはじめに食べます（サラダの量は胃腸の具合によって少しずつ増やしていきます）。サラダのベースに用いる野菜は、サニーレタスやグリーンリーフ、ロメインレタス、サラダ菜、ベビーリーフ、ハーブ、

スプラウトなど、繊維質が柔らかなものがおすすめです。濃い緑色の葉物野菜、特にアブラナ科のケール、小松菜、水菜、春菊などは、意識して毎日摂取したい野菜です。ただし、濃い緑色の葉物野菜を毎日大量に摂取する場合は、微量に含まれている有機化合物の弊害を避けるために毎日同じ種類を食べないようにし、ヨウ素を含む海藻類も適量摂取します。

　サラダにクルミやチアシード、麻の実などをトッピングすれば、オメガ３などの良質な脂質が摂取できるとともに、脂溶性ビタミンの吸収率が高まります。甘い果物や根菜類、種実類は食べ過ぎに注意し、柑橘類など酸味の強い果物を食べた後は、歯のエナメル質を守るため口をすすいで、歯みがきは30分以上待ってからした方がよいでしょう。

図5.1　ローヴィーガンフードピラミッド
1日の総摂取カロリーにおける摂取目安の比較。果物、野菜、種実類を基本とし、発芽豆、海藻、サプリメント（ビタミンＢ12など）などを、必要に応じて適量摂取します。
https://www.pinterest.jp/pin/my-thoughts-on-the-hclf-raw-vegan-diet--10632724
1188645983/を引用し、一部加筆

写真5.1　スムージーやドレッシング作りに使用するブレンダーと、色とりどりの生の果物・野菜・種実類。

写真5.2　ローヴィーガンの食事の主役である山盛りのサラダ。

　また、一般的に加熱調理される野菜の中で、生でもおいしく食べられる野菜として、ブロッコリー、カリフラワー、アスパラガス、芽キャベツ、ズッキーニ、オクラ、トウモロコシ、バターナッツ、コリンキー、ヤーコン、菊芋、ビーツなどがあります。

　そのほか、浸水後発芽させた豆類・穀類・擬似穀類（レンズ豆、ひよこ豆、小豆、蕎麦の実、キヌア、玄米など）、海藻類、水に浸した干野菜やドライフルーツ、発酵させた野菜や穀類、厳選された栄養補助食品やサプリメント（ビタミンB12など）を必要に応じて適量摂取します（生の種実類などを浸水するのは主に酵素抑制物質を取り除くためです）。きのこ類については、有害な成分を不活性化させるために基本的には全て加熱します。食用として栽培されたマッシュルームは、いくつかの研究によって、新鮮なものを少量であれば問題ないとされていますが、必ずしも推奨されるわけではありません。

　野菜には生きた栄養素が豊富に含まれていますが、その栄養素のほとんどは強固な細胞壁内に閉じ込められています。細胞壁は加熱すれば破壊されますが、生野菜の場合、栄養素を細胞壁から取り出

すためには、よく噛む必要があることを忘れないでください。咀嚼が足りないと、腸内でガスが発生したり、下痢や便秘などの症状が出やすくなります。繊維質が硬いケールなどの葉物野菜はグリーンスムージーやジュース（詳細は後述）にすれば、咀嚼や胃腸の負担が減り楽に食べられます。それらは作ったらできるだけすぐに、唾液とまぜながら噛むようにゆっくり食べましょう。

　この他にもローヴィーガンの食材は豊富にあり、旬の果物はもちろん、バラエティーに富んだサラダやスムージーを毎日楽しむことができます。けれども、加熱料理や加工食品などに慣れた初心者や、現在健康な実践者の多くがシンプルな食事だけでは飽きてしまうことから、前述の通り、米国、主に西海岸で、非加熱という未開発の調理法である「グルメローヴィーガン料理」が発展してきました。現在では世界中のジュースバー、ヴィーガンカフェ、ローフードカフェなどで提供されるメニューのほか、健康的な家庭料理としても注目が高まっており、米国だけでなく日本、イタリア、メキシコ、インドなど世界各国の料理をローヴィーガン仕様にアレンジしたレシピが開発されています。

　たとえば、スパゲティ、ピザ、カレー、タコス、ハンバーグ、サンドイッチ、ホットドッグ、ラザニア、寿司、お好み焼き、冷やし中華などを模倣したメニューがあり、スイーツでは、クッキー、クレープ、ドーナツ、マカロン、ロールケーキ、アイスクリーム、ナッツチーズタルト、フルーツパイ、桜餅、苺大福、胡麻汁粉など数多くあります。これらのレシピは有名シェフの手でよりおいしい味付けがされ、フォトジェニックなその魅力を拡大させています。

　けれども、レシピの中には非加熱とはいえ、種実類やアボカドなど脂質が多い食材や、刺激のある食材（カカオ、ニンニク、唐辛子、ネギなど）を過度に使用しているもの、甘味料や塩、精製されたオイル、スパイス、そのほか調味料が多量に含まれているもの、加工度が大変複雑なもの、長時間低温乾燥させたものなどがあります。そのため摂取頻度や量に意識的な制限を持たない場合、ヘルシーなは

ずのローヴィーガン食が、血糖値の急上昇、体重増加、栄養バランスが崩れるなどにより健康を損なう懸念があるので、くれぐれも留意してください。

実践していると、徐々に味覚が変わってきます。そして、生野菜本来のおいしさを楽しめるようになり、塩やオイルなどの調味料も不要になってきます。そうすると過去に食べた好物を模倣したものや、肉に似たもの自体を欲することが少なくなってきます。甘いお菓子が大好きだった人も、果物の自然な甘さの方がおいしいと感じられるようになってきます。そのため、日常はできるだけシンプルな生菜食を心がけ、「グルメなローヴィーガン料理」はたまの楽しみとして適宜取り入れるようにすれば、健康を維持、増進しつつ、味覚の満足とともに、精神面における充足感にも大変役立つでしょう。

次に、ローヴィーガン料理の調理法を紹介します。

生の果物や野菜などで繊維質が硬いものは、ちぎる、揉む、細かく刻む、スライスする、すりおろすなどのほか、ブレンダー（ミキサー）、フードプロセッサーなどの調理器具を使用すれば、繊維質が砕かれ非加熱でも食べやすくなります。病人や幼児、高齢者などには、野菜をジューサーでジュース（野菜汁）にすれば、不溶性繊維質が取り除かれるため、咀嚼や消化器官の負担を軽減し、栄養を効果的に摂取できます。ただし、人参、ビーツ、果物などの甘いジュースや生きた水分が抜かれたドライフルーツの場合は、糖分が凝縮し血糖値が急上昇しやすいため、水で薄めたり水に浸すなどして工夫し、摂取量に注意してください。

また、生の果物や野菜を食べる際には、手をよく洗い、食材を衛生的な環境で保存し、細菌の二次汚染を防ぐことが重要です。

動物性食材の代替食材については、加熱ヴィーガンでは豆腐や豆乳、厚揚げほか、豆類加工食品や、小麦グルテンの車麩などをよく使いますが、ローヴィーガンでは、それらは使わずに、浸水した生の種実類（カシューナッツやフラックスシードなど）、アボカド、ココナッツ、ズッキーニ、根菜類などを使います。種実類や根菜類を

123

粉砕すれば、ひき肉のように使うことができます。麺類のメニューを作る場合は、ズッキーニ、カブ、大根、バターナッツなどを菜麺器というスライサーで麺状にスライスします。麺が野菜そのものなので食感は異なりますが、見た目は類似しており、食べる人の気分を楽しくしてくれます。ご飯もののメニューの場合は、カリフラワーやカブ、キャベツ、人参などをフードプロセッサーで細かくしてご飯に見立てて使います。オーブンで焼くメニューの場合は、ブレンダーなどでベースとなる食材（果物、野菜、ナッツなど）と結合食材（チアシードやフラックスシードなど）を混ぜ合わせ、成形後にディハイドレーター（低温食物乾燥機）で低温乾燥します。そうすると焼いたような見た目と食感を作りだすことができます。あるいは、ココナッツの脂質が低温で固まる性質を利用した別の調理法もあり、その場合はベースの食材に結合食材としてココナッツを混ぜ合わせ、焼く代わりに冷蔵または冷凍して冷やし固めます。

　言葉だけではイメージしにくいと思いますが、このように、グルメローヴィーガン料理は鍋やオーブンで加熱調理するベジタリアン・ヴィーガン料理とは異なり、想像力を働かせ創意工夫がなされた食材と調理法で、本来の料理のイメージを模倣しています。お皿の上には、さまざまに形を変えた生の果物や野菜の美しい色彩があり、それを食べる人は、グルメローヴィーガン料理はまさに「目で味わう料理」でもあることを納得するでしょう。

　それでは、この章の最後にローヴィーガンのシンプルなメニューを紹介します。

グリーンスムージー

　グリーンスムージーは、生の緑色の葉物野菜と果物と水をブレンダーで混ぜあわせたもので、根菜類や豆類、加熱されたものは入れずに作るのが基本です。クロロフィルや食物繊維などの栄養を丸ごと効率よく摂取することを目的に、前述のブーテンコが考案しまし

た。近年は米国の予防医学における栄養学者が、栄養面の観点から、浸水した生のチアシードやフラックスシード大さじ1杯をグリーンスムージーに加えることを推奨しています。小松菜やケールなどに果物の甘味を加えることで、葉物野菜の苦味が緩和され、おいしく食べられることに驚くでしょう。グリーンスムージーはごくごく飲むのではなく、噛むようにしてゆっくり食べます。毎朝の習慣にで

写真5.3 グリーンスムージー

きれば、果物だけの朝食よりも栄養価が高まり野菜不足の解消にも役立ちますので、食材の組み合わせを変えていろいろな味を楽しんでください。

ウォルドーフサラダ

　ウォルドーフサラダは、もともとは刻んだリンゴとセロリをマヨネーズで和えてレタスの上に盛り付けたシンプルなサラダで、120年以上前に米国ニューヨークのウォルドーフホテルで作られました。その後、砕いたクルミやブドウ（ない場合は浸水したレーズン）がレシピに加えられました。リンゴの甘酸っぱさに、セロリの食感、クリーミーなくるみ、ジューシーなブドウという絶妙なフレーバーの組み合わせを楽しめる、米国では定番のサラダです。マヨネーズは生ナッツで手作りします。浸水した生のカシューナッツなどをベースにレモン汁、デーツ、水をブレンダーで滑らかになるまで混ぜ合わせれば、ローヴィーガンマヨネーズの完成です。

海苔巻き寿司（のりまきずし）

　寿司は日本の代表的な料理として世界中で人気ですが、海苔巻き

第5章
ローヴィーガンの歴史・原則・調理とベジタリアン・ヴィーガン

寿司はローヴィーガンでも特に人気です。材料は、サラダ菜やサンチュなどの柔らかく平らなレタス、アルファルファなどのスプラウト、千切りにしたきゅうりや人参、パプリカ、紫キャベツ、アボカドなど、全て生野菜です。それに海苔と巻き簀があれば簡単に作ることができます。その

写真5.4　海苔巻き寿司

ほか、さまざまな生野菜を海苔で巻いてみてください。人参やカリフラワーをフードプロセッサーで粉砕し、寿司飯のように使うこともできます。海苔巻きの切り口は色鮮やかで美しく、おもてなしメニューとしても大変喜ばれるでしょう。

バナナアイスクリーム

完熟バナナを使ったヘルシーなアイスクリームです。輪切りにしてから冷凍した完熟バナナをブレンダーやフードプロセッサーで撹拌すると、まるでソフトクリームのようなとろっとした口当たりになり、米国では「ナイスクリーム」と呼ばれ大人気です。基

写真5.5　バナナアイスクリーム

本の材料は完熟バナナだけで、甘味料、乳製品、オイル、卵、着色料、添加物などを含まず、アイスクリームメーカーも使わずにできます。冷凍したマンゴーや桃、パイナップル、ブルーベリーなど好みの果物をバナナと組み合わせて作ることもできます。フルーツさえ凍らせておけばいつでも作ることができるので、いろいろな果物

で楽しんでください。

おわりに

　ベジタリアンの一種であるローヴィーガンの背景にあるのは、
「ナチュラル・ハイジーン」という自然と調和する生き方であり、そ
の起源は紀元前5世紀の古代ギリシア時代にまで遡ることができま
す。それから長い時を経て、1800年代初期にようやくローフードを
推奨する医師や思想家たちの熱心な活動が開始され、現代まで途切
れることなく受け継がれてきました。
　ローヴィーガンは生で食べれば何でもいいというわけではなく、
基礎的なローフードの栄養学や食べ方のルールを学ぶ必要がありま
すが、それを覚えれば日々の体調管理に役立つことが期待でき、実
際にローヴィーガンを取り入れている人々の多くが利点を体感して
います。その中には、患者の治療にローヴィーガン食を取り入れて
いる医師たちも国内外問わず年々増えています。けれども現代医学
で認められているローフードの科学的研究、特に食物酵素（生の食
べ物に含まれている酵素）の消化促進への有効性に関する研究は、
現時点ではごく限られており、より多くの科学的、医学的な解明が
待たれるところです。
　平均寿命が年々延びて、健康な老後がより求められる時代に栄養
問題が重要であることは明白であり、近代は科学的に裏付けされた
栄養学が確立されてきました。けれども科学がどんなに進歩しても、
神秘に満ちた複雑な身体の営みを考えると、今後も全てを解明する
ことは不可能に思われます。故に現時点で科学的な裏付けがないと
されていることが、非科学的であるとは言い切れないかもしれませ
ん。加熱されていない生の果物や野菜には、生命の源ともいえる太
陽エネルギーが豊富に蓄えられていて、食べた人の身体にそのエネ

ルギーを与えてくれます。また、地球上の自然界の生きとし生ける
ものは、生食のみによって生命を維持しており、加熱調理したもの
も食べている私たち人間と、人間に飼われている動物にみられる疾
病はほとんどありません。

　この章で述べてきたローヴィーガンの利点と合わせて、そのよう
なことも考慮し、自身の体感を大切に生の果物や野菜を少しずつ取
り入れてみれば、それは、心身の健康維持や増進に役立つだけでな
く、生命の尊厳、地球環境問題、飢餓問題にも貢献でき、世界平和
へ繋がる食事であることが実感できると思います。

参考文献

- Diana Raba, et al., Pros and Cons of Raw Vegan Diet, *Advanced Research in Life Sciences* Vol.3(1), 2019, 46-51.
- Lilli B. Link, et al., Raw versus Cooked Vegetables and Cancer Risk, *Cancer Epidemiol Biomarkers Prev* Vol.13(9), 2004, 1422-1435.
- Karunee Kwanbunjan, et al., Lifestyle and Health Aspect of Raw Food Eaters, *The Journal of Tropical Medicine and Parasitology* vol.23(1), 2000, 12-20.
- History and Evolution from Hygiene Society to the NHA, 2022 https://www.healthscience.org/wp-content/uploads/2022/04/NHA-HSI_History_v3.pdf.
- Isaac Jennings, Medial Reform, Kessinger Publishing,1847.
- M. Bircher-Benner, Max E. Bircher, Fruit Dishes and Raw Vegetables, The C. W. Daniel Company Limited, 1957.
- Herbert M Shelton, Basic Health Teachings of Dr. Isaac Jennings, Kessinger Publishing, 2006.
- Internationaler Arbeitskreis für Kulturforschung des Essens Mitteilungen, 2009 https://www.gesunde-ernaehrung.org/files/rw_stiftung/Publikationen/Hefte/Heft_17.pdf.
- DR PAUL KOUCHAKOFF'S RESEARCH: WHY WE SHOULD ALL START OUR MEAL WITH A RAW SALAD, 2023 https://www.linkedin.com/pulse/dr-paul-kouchakoffs-research-why-we-should-all-start-our-karafokas/.
- 国際ベジタリアン連合(IVU)の歴史, 2023 https://ivu.org/28-ivu/history/history-of-vegetarianism.html.
- George H. Grant, et al., Vegetarianism in Seventh-day Adventism, *Religion as a Social Determinant of Public Health*, 2014, 49–54.
- エレン・G・ホワイト、森田松実、福音社編集部、『食事と食物に関する勧告』、福音社、2020年．
- 鶴田静、『ベジタリアンの世界――肉食を超えた人々』、人文書院、1997年．
- 鶴田静、『ベジタリアンの文化誌』、中公文庫、2002年．
- 松田麻美子、『ナチュラル・ハイジーンQ&Aブック』、日本ナチュラル・ハイジーン普及協会、2011年．
- T・コリン・キャンベル、トーマス・M・キャンベル、松田麻美子、『チャイナ・スタディー葬られた「第二のマクガバン報告」合本版』、グスコー出版、2016年．
- エドワード・ハウエル、今村光一、『医者も知らない酵素の力』、中央アート出版社、2009年．
- M・K・ガンジー、丸山博、岡芙三子、『ガンジーの健康論』、編集工房ノア、1982年．
- Nico Slate, Gandhi's Search for the Perfect Diet: Eating with the World in Mind, University of Washington Press, 2019.
- Viktoras Kulvinskas, Nutritional Evaluation of Sprouts and Grasses, 21st Century Bookstore, 1988.
- Karin Dina Rick Dina, The Raw Food Nutrition Handbook: An Essential Guide to Understanding Raw Food Diets, Healthy Living Publications, 2015.
- Dr. T. C. Fry, Introducing Natural Hygiene: The Only True Natural Health System, Vibrant Health & Wealth Publications, 2014.
- David Klein, Dr. T. C. Fry, Introducing Natural Hygiene, Vibrant Health & Wealth Publications, 2014.
- Gerald M. Oppenheimer, et al., McGovern's Senate Select Committee on Nutrition

and Human Needs Versus the Meat Industry on the Diet-Heart Question (1976–1977), *American Journal of Public Health* Vol.104(1), 2014, 59–69.

- History of Healthy People, 2021
  https://health.gov/our-work/national-health-initiatives/healthy-people/about-healthy-people/history-healthy-people.
- 甲田光雄、生菜食研究会、『生菜食研究法』、春秋社、1984年.
- 野口法蔵、『断食療法』、よろず医療会ラダック基金、1998年.
- 亘繁、『近代栄養学の革新 生菜食と煮沸食』、直霊出版社、1944年.
- 宇野真彦、『無病強健 新食養生法 前編』、聚英閣、1920年.
- 生食研究会、『生食及び生食療法』、生食研究会、1942年.
- 樫尾太郎、『西式健康法――あなた自身の人間ドック』、潮文社、2006年.
- 西勝造、『原本 西式健康読本』、農山漁村文化協会、2003年.
- 羽間鋭雄ほか、「生菜食が健康と体力に及ぼす影響（その1）：血液性状に関して」、『大阪市立大学保健体育学研究紀要』34巻、1998、23-32.
- N・W・ウォーカー、樫尾太郎、『生野菜汁療法』、実日新書、1976年.
- 荒川たまき、『食の歴史と病気そして未来』サンライズ出版、2019年.
- 垣本充、大谷ゆみこ、『完全菜食があなたと地球を救う ヴィーガン』、ロングセラーズ、2020年.
- 垣本充、『21世紀のライフスタイル「ベジタリアニズム」』、フードジャーナル社、2014年.
- 武恒子、『食と調理学』、弘学出版、1984年.

第 6 章

ベジタリアン・ヴィーガンの環境学

中川雅博

はじめに

　一般に、わたしたちがベジタリアンライフを送る理由は、大きく分けて4つあります。1つ目は健康面の理由で、動物性食品の摂取量を減らし、植物性食品の摂取量を増やすことで、生活習慣病などにかかるリスクを避けようとするタイプです。2つ目はアニマルライツ面の理由で、動物の権利に配慮する立場をとる欧米に多いタイプです。3つ目は宗教・信条面の理由でインドを中心とするアジアに見られるタイプです。そのほか4つ目として、持続可能な社会のために、積極的にベジタリアンライフを送ろうとする環境面を理由とするベジタリアンもいます。このように、健康、アニマルライツ、宗教・信条、環境などさまざまな考え方で、菜食に重きを置く食の選択肢が注目されています。本章では、近年、注目されている環境問題の観点からベジタリアンライフについて記します。

　まず、環境問題に関する基礎知識として、「生態系サービス」という用語について解説します。そして、地球の現状について説明します。地球（ここでは、生態系や自然環境とほぼ同じ意味で使います）が、まさに、危機的な状況にあることを記します。しかしながら、こと更に不安を煽ることなく、さりとて楽観的に捉えるわけでもなく、事実を淡々とお伝えします。その後、「肉食と環境」「地球温暖化」「水問題」「水産増養殖の環境問題」「日本の食料自給率」といった5つの視点で解説します。そして、最後に、海外でのベジタリアン事情について、著者が2000年代にモンゴル国立教育大学客員講師として過ごした首都ウランバートルでの近況をご紹介します。

1　生態系サービスと地球の現状

6.1.1　生態系サービス

　地球の環境とそれを支える生物多様性は、それ自体に大きな価値があります。この多様な生物に支えられた生態系は、私たち人間に多大な利益をもたらしています。この生態系によってもたらされる恩恵を「生態系サービス」といいます。

　生態系サービスは、(1) 供給サービス、(2) 調整サービス、(3) 生息・生育地サービス、(4) 文化的サービスの 4 つに分けられます（ 図6.1 ）。

　供給サービスには、①農業生態系や海洋生態系によって食料を供給するサービス、②地球規模の水循環や水の供給等に関するサービス、③オイルなどの燃料・木材・綿・ジュートなどの原材料を供給するサービス、④品種改良などにより農作物の生産性、有害生物や気候変動への適応力を向上させるサービス、⑤生化学薬品等、さまざまな高価値の化学薬品を提供するサービス、⑥観賞用の植物、魚、鳥類等を提供するサービスが含まれます。例えば、漢方薬で身体の調子を整え、健康効果の高い多種多様なヨーグルトの株を私たちが利用できるのは、この供給サービスの恩恵です。

　調整サービスには、①主に都市域における大気質の調整や、都市

供給サービス
（例：食料）

調整サービス
（例：花粉媒介）

生息・生育地サービス
（例：生息環境）

文化的サービス
（例：レクリエーション）

図6.1　「生態系と生物多様性の経済学（The Economics of Ecosystem and Biodiversity：TEEB）」の分類に基づく4つの生態系サービス
出典：TEEB報告書普及啓発用パンフレット「価値ある自然」、環境省

環境の品質を調整するサービス、②地球の表面温度を維持するサービス、③生命、健康、または財産に大きな脅威を及ぼし得る自然災害などを緩和するサービス、④植物が土壌浸食や地滑りを防ぐサービス、⑤地力（土壌肥沃度）を維持し栄養循環を支えるサービス、⑥昆虫や鳥などが植物の受粉を媒介するサービス、⑦有害生物及び病気を生態系内で抑制するサービスが含まれます。例えば、サンゴ礁は、台風や津波といった自然災害発生時に「自然の防波堤」となって、被害の緩和に役立ちます。

生息・生育地サービスには、①さまざまな生態系を利用する移動性の生物に生息・生育環境を提供し、そのライフサイクルを維持するサービス、②生物多様性のうち、遺伝的多様性を維持するサービスが含まれます。このサービスは、文字どおりに、さまざまな動植物種の生活の基盤を提供しています。

文化的サービスには、①自然景観の保全、レクリエーションや観光の場と機会、②文化のインスピレーション、芸術とデザイン、③科学や教育に関する知識などが含まれます。南北に長く、四季がある日本では、とりわけ、文化的サービスが充実しており、春はサクラ、夏は海水浴、秋は紅葉を見ながらのハイキング、冬は温泉といった具合に、その恩恵を受けることができます。また、技術者が「鳥のカワセミが、水の抵抗少なく水中にダイブして小魚を獲ることに着目して、新幹線の先頭車両をカワセミのクチバシに模することで、空気抵抗や騒音が少ない車両を開発できた」と語るように、文化的サービスは科学技術の発展にも役立っています。

6.1.2 地球の現状 —— 急増する人口

2022年、国連は世界の人口が80億人に達したと発表しました。19世紀の初頭には約10億人だった世界の人口は、農業革命や産業革命によって生産性が向上し、医療技術や保健衛生が発達したために急増。その後も1987年には50億人、2010年には70億人を超え、その状

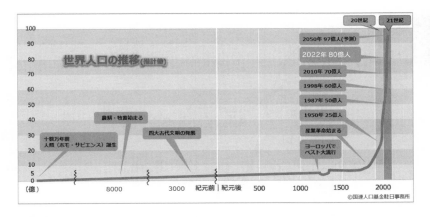

図6.2 人類誕生から2050年までの世界人口の推移（推計値）グラフ
出典：国連人口基金駐日事務所

況が続いています。

　特に人口が多いのは、アジアとアフリカの国々です。中国とインドの人口は14億人を超えています。世界の人口は、2037年には90億人、2058年には100億人を超えると予測されています。このように、生物多様性サービスの低下につながる「急激な人口増加」が生じていることを、特に日本人は意識することが必要です。なぜなら、世界的な傾向とは逆に、日本では人口減少のトレンドが少なくとも2060年までは続き、問題の深刻さに気づきにくいためです。

　図6.2は、人類誕生から2050年までの世界人口の推移のグラフです。このグラフを見ると、ここ100年ほどで、いかに人口が急増しているかがわかります。そして、環境負荷を低減し、生態系サービスを維持していく対策が必要であることがわかります。

6.1.3　成長の限界

　1970年に世界中の有識者が集まって設立されたローマクラブは、1972年に『成長の限界』と題した研究報告書を発表しました。その

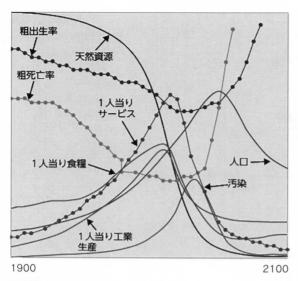

粗出生率

天然資源

粗死亡率

1人当り
サービス

1人当り食糧

1人当り工業
生産

人口 →

汚染

1900   2100

図6.3 『成長の限界』で予測されたシナリオ
出典:平成25年版図で見る環境・循環型社会・生物多様性白書、環境省
(『成長の限界』(D.H. メドウズら、1972)を基に環境省が作成)

中で、人類の未来について「このまま人口増加や環境汚染などの傾向が続けば、資源の枯渇や環境の悪化により、100年以内に地球上の成長が限界に達する」と警告しました（図6.3）。

　この報告書では、「地球と資源の有限性」や「その社会経済的影響」を明らかにするとともに、将来の世界の状況について起こり得る複数のシナリオをまとめています。再生する速度以上のペースで地球上の資源を人間が消費し続けると仮定したシナリオでは、世界経済の崩壊と急激な人口減少が2030年までに発生する可能性があると推定し、当時の世界各国に衝撃を与えました。

　ローマクラブのメンバーだったメドウズらは、2005年に出版した『成長の限界 ―― 人類の選択』の中でも「豊かな土壌、淡水等の再生可能な資源を酷使しつつ、化石燃料や鉱物等の再生不可能な資源が減少する中で、地球が受容できる以上の排出を続ける限り、現在の経済を維持するために必要なエネルギー等のコストが高くなって、

経済を拡大させることが困難になるだろう」と再び警鐘を鳴らし、社会の持続可能性を高めるよう提言しています。

6.1.4　いまの暮らしに必要な地球の数は？

　太陽エネルギーは、水と二酸化炭素と反応して光合成を起こします。それにより植物は生長・再生します。植物は、二酸化炭素を吸収する調整サービスをもたらすだけでなく、私たちに食料・衣服・住居などの供給サービスを与えてくれます。このような「生態系サービスの供給量」を生物生産力（バイオキャパシティ）と呼びます。

　生物生産力と共に押さえておきたい用語に、エコロジカル・フットプリントがあります。これは、私たちが消費する全ての再生可能な資源を生産し、人間活動から発生する二酸化炭素を吸収するのに「必要な生態系サービスの総量」のことです。エコロジカル・フットプリントとバイオキャパシティを比べると、私たちの生活がどれだけ環境に負荷を与えているのかがわかります。同時に、私たちが地球1個分の生活をするために何を改善すべきかがわかります。

　図6.4 は「国別のエコロジカル・フットプリント（EF）と生物生産力の割合」（2009年）を示しています。濃い色で塗られた国は、エコロジカル・フットプリントが生物生産力よりも多い地域です。すなわち、その地域の人間が生活するのに必要な生態系サービスの総量が、その地域の生態系サービスの供給量を上回っていることを示しています。言い換えると、他国よりも、環境負荷を抑えた暮らしをすべき国です。日本は、エコロジカル・フットプリントが生物生産力より150％以上高い国として、環境負荷の少ない暮らしを進める必要がある国だとわかります。

　地球全体のエコロジカル・フットプリントは生物生産力の1.7倍です。つまり、今の生活を維持するには2個の地球が必要です。なお、日本に限定して計算すると、エコロジカル・フットプリントは7.8倍にも達します。また、近年のデータ（The National Footprint

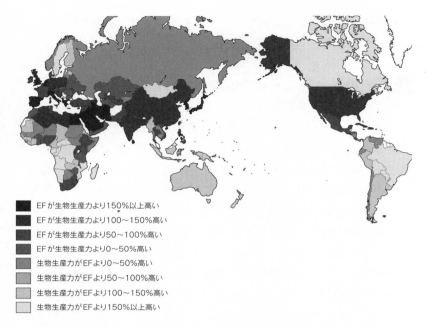

図6.4　国別のエコロジカル・フットプリント（EF）と生物生産力の割合（2009年）
平成23年度版環境白書・循環型社会白書・生物多様性白書、環境省を加工して作成
（『エコロジカル・フットプリント・レポート日本2009』（WWFジャパン、グローバル・フットプリント・ネットワーク）を基に環境省が作成）

EF が生物生産力より150%以上高い
EF が生物生産力より100〜150%高い
EF が生物生産力より50〜100%高い
EF が生物生産力より0〜50%高い
生物生産力がEFより0〜50%高い
生物生産力がEFより50〜100%高い
生物生産力がEFより100〜150%高い
生物生産力がEFより150%以上高い

and Biocapacity Accounts 2021）でも、中国、アメリカ、インド、ロシアに次いで、日本は世界で5番目にエコロジカル・フットプリントが高い国とされています。

2　肉食と環境

6.2.1　環境への最大の脅威はウシである

国連食糧農業機関（FAO）の報告書によると、畜産は、二酸化炭

素で比較すると輸送手段より18％多くの温室効果ガスを放出しています。また、畜産は、陸地や水の環境劣化の主要な原因となっています。つまり、畜産は、現代社会において、もっとも深刻な環境問題を引き起こしている最大原因のひとつと言えます。

　世界の人々の生活水準が上がり、肉や乳製品の消費量が年々増加しています。世界の食肉生産は2000年代初頭には２億トン強であり、2050年には４億6500万トンへと倍増、乳生産量は６億トン弱から10億4300万トンへ増加すると予測されています。

　畜産は農業分野よりも急速に成長している領域で、およそ13億人がこれで生計を立て、世界の農業生産の約40％を占めています。

　しかし、『畜産の長い影——環境問題とオプション』と題されたFAOの報告書は、このような急速な成長は生態系サービスへの大きな代価を強いることになると指摘しています。そして、家畜生産単位あたりの環境コストを半分に削減して、現在より環境破壊のレベルが悪化するのを避けなければならない、と警告しています。

6.2.2　畜肉生産の環境への悪影響

　畜産が生態系サービスを劣化させる主な要因を次に５つ記します。

① **森林伐採**：畜産は現在、地球全体の陸地面積の約３割を使用しています。新しく放牧用の土地を作る際には、森林が伐採されます。すでに、アマゾンの森林の約７割は放牧地に変えられてしまいました。

② **穀物の大量消費**：家畜は現在、全ての陸上動物のバイオマス（生物量）のおよそ20％を占めています。これらの家畜の餌となるトウモロコシ等の栽培は生物多様性の損失の原因となっています。なお、日本における飼養方法をもとに、トウモロコシ換算にした農林水産省の資産によると、畜産物１キログラムの生産に必要な穀物量は牛肉で11キログラム、豚肉で７キログラム、鶏肉で４キログラム、鶏卵で３キログラムとされています。

③ **土地の劣化**：家畜の群れは、広い範囲に及ぶ土地の劣化を引き起こしています。およそ20％の放牧地が過放牧、土の締固め、浸食によって劣化しています。

このほかに、畜肉生産が、④**地球温暖化を進行させている点**と、⑤**水を浪費している点**について次に述べます。

3 　食肉生産と地球温暖化

6.3.1 　ウシのゲップが地球を暖める！？

　ウシは、反芻動物です。反芻とは、ウシ目の哺乳類の一部が行う食物の摂取方法のことです。ウシは、まず食物を口で咀嚼し、胃に送って部分的に消化した後、再び口に戻して咀嚼するというプロセスを繰り返すことで消化します。この消化には、ウシの胃の中にいる微生物が活躍し、その際にメタンガスが発生します。そのメタンはゲップとして大気中へ出ていくのです。

　実は、このメタンが地球温暖化の主な原因である「温室効果ガス」の１つです。しかも、メタンの温室効果は、二酸化炭素の25倍以上にもなります。それゆえ、ウシのゲップが、地球を暖めます。

　１頭のウシは、１日に300リットルのメタンを吐き出します。2019年度のデータで、日本の農業、畜産業、林業、漁業で排出される温室効果ガスの量は、4747万トンと推定されています。そのうち、約16％に当たる756万トンが、ウシなどの家畜のゲップに由来するとの試算もあります。試算方法により、これら数値が多少増減することがあっても、ウシのゲップが無視できない量であることをご理解いただけるでしょう。

6.3.2　ウシのゲップに課税

　ニュージーランドのアーダン首相は2022年に、牛などの家畜のゲップや尿によって温室効果ガスを排出する農家に直接課税する計画を発表しました。2025年までに導入したい意向で、これは世界初の取り組みです。ニュージーランドは世界最大の乳製品輸出国です。そのため、農業団体は「価格競争力を失い、産業空洞化を招く」と猛反発しています。

　ニュージーランドの農家は乳牛と肉牛計１千万頭以上を飼育しており、この数は人口の２倍以上に相当します。牛はメタンや亜酸化窒素を出し、ニュージーランド全体の温室効果ガスの約半分は農場から排出されています。

　この新たな税収は、家畜によるガス排出を減らす新技術の研究開発のほか、排出削減に取り組む農家への奨励金に充てるといいます。このことからも、ウシのゲップが環境への脅威になっていることがわかると思います。

6.3.3　代替肉という解決策

　このような背景から、健康志向と相まって、牛肉の代わりに大豆タンパクやグルテンを使った「代替肉」の開発が進んでいます。また、アメリカの代替肉企業ビヨンドミート社が、いよいよ日本市場に参入するようです。マルエツ、マックスバリュなどでビヨンドミートの製品を使った商品が販売されるという報道が2022年にありました。

　ビヨンドミート社のライバル会社になるのが、動物性食品の必要性を排除することを目標にかかげるインポッシブル・フーズ社です。この企業は、カリフォルニア州レッドウッドシティに本部を置き、植物由来の人工肉や乳製品を製造・開発しています。アメリカと香港で1000以上のレストランを経営し、バーガーキングなどには代替

肉を使用した「インポッシブル・バーガー」を提供しています。

4　食肉生産と水問題

　畜産は、水不足を加速させる分野のひとつです。また、水質汚染やサンゴ礁の富栄養化・劣化など諸問題の原因となっています。主な汚染物質は動物の排泄物、抗生物質、ホルモン薬、肥料、飼料用作物に散布された農薬などです。広範囲に及ぶ過放牧が水の循環を妨げ、地上、地下における水資源の供給を減少させています。また、相当量の水が家畜の餌となるトウモロコシ等の飼料生産用に使われています。

6.4.1　日本は水の一大輸入国!?

　日本は世界でもっとも水を輸入している国です。ただし、「仮想水」としての輸入です。仮想水とは、食料を輸入している国の中で、仮にその輸入食料を生産するとしたら、どの程度の水が必要かを推定したものです。「バーチャルウォーター」とも称される概念です。

　例えば、1キログラムのトウモロコシを生産するには、灌漑用水として1800リットルの水が必要です。また、ウシはこうした穀物を大量に消費しながら育つため、牛肉1キログラムを生産するには、その約2万倍もの水が必要です。つまり、牛肉をはじめとする畜肉を輸入することは、それらを生産に使われた大量の水を輸入していることと実質的に同じと言えます。

　また、食糧輸入国であるわが国は、仮想水を輸入しているため、自国の水を消費せずに済んでいると言えます。日本の食料自給率は40％で、残りは輸入に頼っています。そのため、年間800億㎥ものバーチャルウォーターを輸入していることになり、この量は日本の

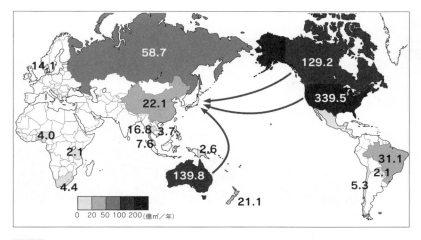

図6.5　2005年のバーチャルウォーターの輸入量（単位：億㎥／年）
出典：平成25年版環境・循環型社会・生物多様性白書、環境省を加工して作成

国内の年間水使用量とほぼ同じです。

5　水産増養殖の環境問題

6.5.1　頭打ちとなった海面漁業の生産量

　世界の漁業と養殖業を合わせた生産量は増加し続けています。2020年の漁業・養殖業生産量は2億万トンを超えました。このうち、漁業の漁獲量は、1980年代後半以降横ばい傾向となっている一方、養殖業の収獲量は急激に伸びています（図6.6）。

　漁獲量を主要漁業国・地域別に比べると、EU・英国、米国、日本といった先進国・地域は、過去20年ほどの間、おおむね横ばいから減少傾向で推移しているのに対し、インドネシア、ベトナムといったアジアの新興国をはじめとする開発途上国の漁獲量が増大してい

143

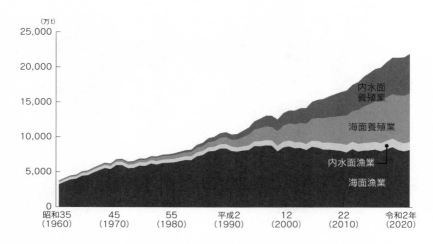

（万t）

図6.6　世界の漁業・養殖業生産量の推移
出典：令和4年水産白書、水産庁を加工して作成

ます。そのうち、中国が1345万トンで世界の15％を占めています。

　これらの傾向で特筆すべきは、世界規模でみた海面漁業の生産量
が頭打ちになっている現実です。もはや、魚介類を日本人が独り占
めできる状況にはなくなって数十年が経過しています。

　そのほかにも、水産分野にかかわる環境問題は多岐にわたり、
①乱獲によりクロマグロやニホンウナギは資源量が少なくなり絶滅
危惧種になっていること、②食料用のエビは主にベトナム、インド
ネシア、タイ、インド、中国から輸入され、養殖の際には現地のマ
ングローブが破壊されていること、③ブラックバスやブルーギルの
ような外来魚が放流されると、その食害により内水面漁業に深刻な
影響を与えること、なども押さえておかなければならない水産分野
の環境問題と言えます。

6 日本の食料自給率 —— 何が問題か？ どうすればいいか？

　日本の食料自給率を一言で言えば、「長期的には低下傾向で、近年
はほぼ横ばいで推移」です。図は、『令和２年度食料・農業・農村白
書』に掲載されていた「食料消費構造の変化と食料自給率の変化」
を示したものです。

　昭和40年度と平成29年度を比較すると、食料自給率が低下した原
因が見えてきます。つまり、食生活の多様化が進み、①国産で需要
量を満たすことができる米の消費料が減少したこと。そして、②飼
料や原料を海外に依存せざるを得ない畜産物や油脂類の消費量が増
加したことがかわります。特に、図6.7 の濃い色の箇所に注目する
と、畜肉生産でトウモロコシ等の輸入飼料が占める割合が多いこと
が見てとれます。この箇所は自給としてカウントしていません。

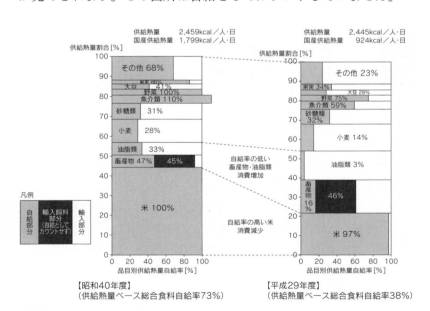

図6.7　食料消費構造の変化と食料自給率の変化
出典：令和２年度食料・農業・農村白書、農林水産省を加工して作成

バリエーションがある食生活は魅力的で、今後も続けていきたいと多くの方が願われているでしょう。それと同時に、食料を海外に頼ることなく、できるだけ自国のもので賄いたいという要望もあるはずです。それでは、この難局を私たち一市民は、どのように解決していけばよいでしょうか。

　図を眺めると、やはり、海外から輸入される畜産物の消費量を抑えることが重要であることに気づきます。そのために、畜産物から得られるタンパク質を植物タンパク質に変えるのは有効なはずです。また、食の多様化ゆえに、米の消費量が減っているため、ヒエ、アワ、キビ等をつかった雑穀料理でバリエーション豊かな食卓を目指すのも一案です。このように考えると、食料自給率を高めるのは、単に国が目指すものではなく、私たちも直接取り組める課題です。

　身近なところから「食料自給率」を高めてはいかがでしょうか。

7　海外事情 ── 遊牧の国・モンゴルにも ベジタリアン文化が定着 !?

　最後に、私が1999年〜2011年まで20回近く渡航したモンゴル国ウランバートルでのベジタリアン事情について、当地の自然環境、産業、食文化に触れながらご紹介いたします。

　モンゴル国では、ヒツジやヤギを主とする伝統的な遊牧が主産業のひとつです。ですから、いまでも田舎に行けば、遊牧民が100頭以上の家畜を放牧する景色を見ることができます。広大な草原で畜肉をつくるこの国では、当然に伝統的な料理は、肉料理です。たとえば、羊肉を小麦の皮で包んだボーズや、山羊肉を金属製の容器に入れて蒸し焼きにするホロホグのような料理です。

　モンゴル国の肉料理には、「5つの家畜」が使われます。5つの家畜？　そうなのです。モンゴル人は、ウシ、ウマ、ラクダの大きな

3種と、ヤギ、ヒツジの小さな2種に分けているのです。ちなみに、中国では、四大家魚といって、ソウギョ、アオウオ、コクレン、ハクレンといった大型のコイ科の魚の養殖が盛んです。日本で、牛肉、豚肉、鶏肉の3つ畜肉がメジャーなのと同じ感覚で、5つの家畜が肉料理に使われるのです。

　ただし、家畜は遊牧民にとって財産であるため、多量に肉料理を食べることはありません。実際、モンゴルでは、冬に食べる「赤い食事」と、夏に食べる「白い食事」があります。赤い食事とは畜肉を調理したもので、白い食事とは乳製品のことです。遊牧民は、冬であっても、できるだけ財産を減らさぬように、少しずつ「お肉」を食べているのです。白い食事は、学術的には、ベジタリアンの類型の「ラクトベジタリアン」にあてはまります。ですから、この類型に従えば、「遊牧民は季節的なベジタリアンである」と言えてしまうのは、私には少しおかしく思えます。なぜなら、一般的な遊牧民が、1年を通して、動物性食品に強く依存している食文化であるからです。

　さて、このように動物性食品があふれるモンゴル国では、すでに欧米型のベジタリアン文化が定着しています。とはいえ、私の研究で、彼らがベジタリアンライフを取り入れる理由は健康配慮が主であり、環境配慮を理由とする者の割合が欧米よりも低いという特徴があります。

　2009年に、首都ウランバートルでレストランやスーパーマーケットを取材したとき、なんとベジタリアン料理や食材を取り扱う店舗がありました（ 写真6.1 ）。また、その年に、私が、ウランバートル在住者を対象にベジタリアニズムの意識調査をしたところ、お肉は毎日のように食べているものの、できるだけお肉を食べないようにしている人が30

写真6.1　2009年にウランバートルのベジタリアンレストラン（ルナ・ブランカ）で注文した代替肉料理

％を超えることもわかりました。

　現在、スーパーには多種多様な代替肉が陳列・販売されているそうです（ 写真 6.2 ）。代替肉が食の選択肢の一翼を担う時代になっているといってもよいでしょう。

　もともと日本では、精進料理など一部の和食料理に、魚や肉の代わりに、大豆や小麦粉を使った「もどき肉」が使われてきました。私たち日本人は、代替肉開発のトップランナーだったはずです。このことを自負して、さらなる創意工夫をして、環境負荷の少ない食の選択肢を増やそうではありませんか。

写真6.2　2020年にウランバートル市内のスーパーで撮影された代替肉

参考文献
- Livestock's Long Shadow, 2006
  https://www.fao.org/3/a0701e/a0701e.pdf.
- 生物多様性と生態系サービス
  https://www.biodic.go.jp/biodiversity/activity/policy/valuation/service.html.
- 人類誕生から2050年までの世界人口の推移（推計値）グラフ、2022
  https://tokyo.unfpa.org/ja/resources/ 資料・統計 .
- 『成長の限界』で予測されたシナリオ、2013
  https://www.env.go.jp/policy/hakusyo/zu/h25/html/hj13010202.html.
- 第3章地球の命を未来につなぐ、2011
  https://www.env.go.jp/policy/hakusyo/h23/pdf/1-3.pdf.
- 環境省、「平成25年版 環境・循環型社会・生物多様性白書」、2013.
- (1)世界の漁業・養殖業生産、2022
  https://www.jfa.maff.go.jp/j/kikaku/wpaper/r04_h/trend/1/t1_4_1.html.
- 中川雅博、高井明徳、垣本充、「モンゴル国都市部における動物性食品摂取状況とベジタリアン」、『ベジタリアン・リサーチ』Vol.13(1-2), 2012, 9-13.

第7章

哲学からみた ベジタリアニズムと ヴィーガニズム

宮城智央

この章では、哲学からみたベジタリアニズムとヴィーガニズムについての歴史的な簡単なまとめを行った後、哲学的課題とその分析、そして私独自の哲学的展開を述べます。想定している読者は、哲学について学問として触れたことのない方々で、広範囲の読者にとって有益な内容となるように考慮しました。

1　ベジタリアニズムとヴィーガニズムの言葉の由来

　ベジタリアニズム（vegetarianism）はベジタリアン（vegetarian）から由来していますが、ismは主義や思想であることから、ベジタリアニズムには何らかの考えがあることを意味します。ベジタリアンとは、ある形式の食事をする人のことであり、ベジタリアニズムという主義があるかどうかは問われません。そのためベジタリアンを菜食主義者と翻訳することは誤解を招くことがあります。

　ベジタリアンの言葉の由来は諸説ありますが、そのうちの1つを述べます。イギリスのベジタリアン協会と国際ベジタリアン連合によれば、1838年から1842年に、イギリスのユートピア思想共同体のオルコットハウスにおいてベジタリアンの言葉の使用がみられ、1847年に同じくイギリスにてベジタリアン協会が設立されました。その頃はベジタブルダイエット（vegetable diet）を行う者をベジタリアンと自称していたようです。ベジタリアンの語源は、ラテン語の「完全な、生き生きとした」という意味のベジタス（vegetus）に由来するという説もあります。

　1840年代頃のベジタリアンは、肉、魚、卵、牛乳の摂取を避けていましたが、イギリスのベジタリアン協会は、卵や牛乳を摂取することを許容するようになりました。その許容を受け入れられないグループが、1944年にイギリスにてヴィーガン協会を設立しました。ヴィーガン（vegan）はベジタリアンvegetarianの言葉の最初のveg

と最後のanをつなげて造語されました。イギリスのヴィーガン協会によれば、「ヴィーガニズムとは、衣食などによる動物の搾取と虐待を実行可能な限り避けるようにし、更に、人間と動物、環境のために非動物性代替品の開発と利用を推し進める哲学と生き方」です。鶏卵や牛乳について、通常の畜産過程には、オスひよこの殺処分があり、卵を産まなくなった鶏は「廃鶏」として、また、乳がでなくなった牛は「廃用牛」として食肉に利用されるなどの犠牲を伴うため、ヴィーガンは、卵と牛乳の摂取を回避します。

　ベジタリアニズムとヴィーガニズムには以上のような相違がありますが、一般的にベジタリアニズムはヴィーガニズムの考えを含みます。以下の文章では、記述の簡素化のためにヴィーガニズムを含んだ意味としてベジタリアニズムを記述していきます。

2　歴史的経過

　肉食の是非については哲学の歴史として紀元前から議論されています。哲学的な言動があった人物は西洋以外の東洋でも存在していますが、日本語における哲学という言葉の語源となったフィロソフィー（philosophy）が古代ギリシア語であることから、哲学の起源は紀元前7世紀頃の古代ギリシアとされています。「フィロソフィー」の意味は、フィロが愛、ソフィーが知であり、合わせて「知を愛すること」となります。この場合の知とは、知識の他に理解・判断・推理などの思考力をも意味しており、現代における科学的な性質があるため、その点において宗教学との違いがあります。

　ベジタリアニズムの考え方の起源は古代ギリシア以前や他の地域でもみられますが、哲学者においてのベジタリアニズムは、ピタゴラス（Pythagoras）が最初とされています。ピタゴラスは哲学の他、数学において、三平方の定理として知られるピタゴラスの定理で有

名です。ピタゴラスがなぜベジタリアニズムを勧めたのかは、オルペウス教の輪廻転生（人は死後に他の動物などに生まれ変わるという考え方）の影響により、肉食は殺人と同様との考えからベジタリアニズムを勧めていたとされています。ベジタリアンの言葉ができる前は、動物性食品を避ける人をピタゴリアン（Pythagorean）と呼ぶことがありました。この時点では宗教的な理由が主であり、哲学的な理由が乏しい状況です。

　古代ギリシア哲学者では、ソクラテス（Socrates）、プラトン（Plato）、プルタルコス（Plutarch）などがベジタリアニズムに賛同し、肉食が残忍であると考えており、哲学的思考の萌芽がみられはじめます。プルタルコスは『肉食について』の著書にて、猛獣の肉食を野蛮と言う者を、猛獣は生きるためであるが、その者の肉食は食欲のためと非難しています。この非難は、不必要な殺傷は不正であること、また、肉食は人間にとって不必要であることの2つの考えを結び付けて、肉食は人間にとって不正であるとしており、宗教的よりも論理的なベジタリアニズムとなっています。

　人間にとって肉食は残忍であり不正であるとの考えが主に続き、その考え以外の哲学的意見は18世紀から19世紀頃に現れました。「功利主義」という哲学の創始者ジェレミー・ベンサム（Jeremy Bentham）の登場です。功利主義は、簡単に言えば、「快楽を増やすのは正しく、苦痛を増やすのは悪である」と考えます。ベンサム自身はベジタリアンではありませんでしたが、動物の苦しみを道徳的に配慮すべきと主張しました。それまでの哲学とは違って、苦痛という人間と動物に共通する事実を基にして哲学的主張をしました。17世紀の哲学者デカルトは、「我思う、ゆえに我あり」として有名であり、信仰ではなく理性によって真理を探究しようとした「近代哲学の父」ですが、「動物には精神がなく機械的な運動をしており、痛みを感じていない」としていました。動物には苦痛があり、その苦痛を配慮すべきとの哲学的見解が広まるのには2000年近い歳月を要しました。しかし、アメリカ合衆国において黒人奴隷制を廃止し

た奴隷解放宣言は1863年であり、南アフリカ共和国の白人と非白人の人種隔離政策であるアパルトヘイトが撤廃されたのは1994年と、近年のことなのです。人種間の差別を不正とみなす考えが広まるのに数千年を要しており、人間と動物との差別を哲学的に探究する潮流が大きくなるのに2000年ほどを要したのは、無理もなかったのです。

　現代において、ベジタリアニズムは、1970年代頃に新しく生じた分野である応用倫理学として研究されてきています。倫理学は哲学における領域の1つです。現実的問題について倫理学的に検討する分野が応用倫理学とされ、生命倫理学・環境倫理学などがあります。菜食と比較して、工業畜産による肉食は動物虐待となり得るとして、生命倫理学的課題となり、また、エネルギー消費・温暖化への影響・排泄物などによる環境汚染を増大し得るとして、環境倫理学的課題となります。

　世界の1970年代以降の近年の応用倫理学に関する動向を述べます。1975年に『動物の解放』が、現在プリンストン大学の生命倫理学教授であるピーター・シンガー（Peter Singer）にて出版されました。その哲学的考察は緻密であり、それ以後、動物に関する哲学的論文が急増しました。「利益の平等な配慮の原則」に反する肉食は、人種差別や性差別のように「種差別（Speciesism）」であると批判しています。彼は2005年に、アメリカの『タイム』誌による「世界で最も影響力のある100人」に選出されました。

　1983年出版の『動物の権利の擁護論』にてノースカロライナ州立大学の哲学名誉教授トム・リーガン（Tom Regan）は、内在的価値のある生の主体が動物にもあるとして、動物の権利を主張しました。「種差別」を1970年にオックスフォード大学にて最初に造語した心理学者リチャード・ライダー（Richard Ryder）は、1990年代から「ペイニズム（Painism）」を提唱しており、不必要に苦痛を与えることが悪の本質であるとしています。2002年にオックスフォード大学出版局から『動物の権利』が世界的評価の高いシリーズの1つとし

て発行され、動物の権利が広く認知されました。

　日本における倫理学的ベジタリアニズムについての2000年代以降の近年の動向です。2006年に『実践の環境倫理学』が立正大学講師の田上孝一博士にて出版されました。専門的な哲学的論理性をもって書かれた本邦初のベジタリアンと応用倫理学に関する単著です。日常生活における理論的な首尾一貫性の重要性が述べられ、なぜベジタリアニズムが倫理的に望ましいのかを考察しています。2008年には『動物からの倫理学入門』が京都大学の伊勢田哲司教授にて出版され、より詳細な倫理学的考察がなされました。2013年には大学生の教科書用である『教養としての応用倫理学』が出版され、共著の大阪歯科大学教授の樫則章による「肉食の問題とベジタリアン」の項目があります。

　2010年にはシンポジウム「ヒトと動物の関係をめぐる死生学」が東京大学で開催され、菜食文化研究家の鶴田静氏が「ベジタリアニズム ── 愛と思考の非肉食」を発表しました。主催者の東京大学一ノ瀬正樹教授は2007年に、『動物たちの叫び』の論文にて肉食の問題を考察しています。2011年に関西倫理学会にて動物の権利のシンポジウムがなされ、菜食と肉食についても議論されました。

　翻訳家・執筆家の井上太一氏にて、2015年から2023年の間に、動物倫理やヴィーガンに関する翻訳本が17冊、自書が1冊出版され、日本語にて読めるベジタリアニズム関連の書籍が比較的急増しました。

　月刊雑誌『現代思想』（1973年創刊、青土社）にて、2022年に「肉食主義を考える」として特集や討議が掲載されました。

　以上からベジタリアニズムは、1970年代以降は応用倫理学として議論の広がりをみせています。

3　主な哲学的課題

　ここからは哲学の歴史から離れて、主な哲学的課題を列挙し、その分析と私独自による哲学的展開を述べます。

　哲学とはどのようなものかと哲学者に問えば、百人百様で千差万別の答えがあるでしょう。近代哲学の祖であるカントは、「哲学を学ぶことはできず、哲学することを学ぶのである」としました。水泳に例えますと、水泳をいくら本で勉強して内容を覚えても、水泳は上手にはならず、また、水泳をしているとは言えません。実際に体を使って水泳をすることが、上達への道であり、また、それこそが水泳をしていることになります。言い換えれば、哲学の歴史を読み、他人の考え事を理解し、記憶しても、哲学をしていることにはなりません。自らの頭を使って考えることが、哲学をしていることになるのです。この哲学の章を読めば、どこかには疑問や反論が生じるでしょう。それを自らの力で深く考えることが、哲学をしていることになります。

　列挙された哲学的課題は未だに難問であり、容易には解決できないでしょう。しかし、解決できなくても、なぜ、また、どこが難問であるのか、何が曖昧なのかを自問自答することは哲学として重要です。現代哲学者のヴィトゲンシュタインは、「哲学の意義は思考を論理的に明確化することである。哲学は学説ではなく、活動である」としました。ある問題の解決ができなくても、その問題の何が難しいのか、どの部分が不明瞭なのかなどを論理的に明確に考える活動が哲学そのものであると、私は解釈しています。次に列挙した課題について読まれ、ベジタリアニズムについて、読者による疑問や反論が解決できなかったとしても、私の力不足が原因でもありますが、解決されていない事柄はどこなのかを読者自身がより明確にしていくことは読者自身の哲学となります。その明確化の一助になることができれば、この章の役割は果たせたとして幸いです。

主な哲学的課題は、「なぜ動物と植物とで差別するのか」、「ベジタリアニズムは哲学的に重要な課題なのか」、「ベジタリアニズムを普及していくことは正しいのか」です。

　なお、古代からの先人の知恵として、ベジタリアニズムと共通点が多数ある仏教の教えを文章の間にはさみました。仏教は宗教ですが、哲学でもあるともいわれ、その先見の明と英知は参考になるでしょう。

4　「なぜ動物と植物とで差別するのか」

　ベジタリアニズムへの典型的な批判に「動物と植物は生き物であるから、殺すということは同様に悪いことである。ベジタリアニズムは植物に対する差別主義者であり、肉食する人を種差別と非難することには納得できない」というものがあります。この批判に対して、通常、「動物には神経があり、意識があるため苦痛を感じるが、植物には神経がなく、意識がないため苦痛を感じることができない。そのことから、動物に苦痛を与える肉食は悪であるが、植物を食べることは苦痛を与えないから悪ではない」と反論します。この中枢神経系を用いた反論は、功利主義哲学者のピーター・シンガー、動物の権利のトム・リーガンやゲイリー・フランシオン（Gary Francione）も同様に行っており、ベジタリアニズムを擁護する最重要な根拠としています。それへの再反論として、「神経とは違う仕組みで植物は苦痛を感じている可能性がある」という意見があります。ベジタリアニズムは、「家畜を生育するためには、その数倍の植物を飼料として与える必要があり、肉食はベジタリアン食よりも数倍の植物の犠牲を要する。植物の犠牲を減らすには、ベジタリアン食が望ましい」と回答します。それへの反論はいくつかあります。「養殖ではない魚は植物の飼料を要しない」、「飼料を要しない雑草を食べ

る放牧畜産や狩猟がある」、「生物への犠牲を行っていることに、数の大小は重要ではない」、「栽培や土地開拓による虫や動物の犠牲はどうするのか」などです。ベジタリアニズムからの回答は、「犠牲を少しでも減らすことはよいことである」、「漁業、放牧畜産、狩猟による肉食については、植物に苦痛ありとする人に対して許容するが、動物虐待を生じやすい工業畜産は許容しない。全体としては動物や植物の犠牲は減るし、また、そもそも植物に苦痛があると実感している人はごく少数である」、「栽培や土地開拓による虫や動物の犠牲は、不可抗力な状況があるが、工業畜産による動物の犠牲は意図的であり、不可抗力とは言えない」となります。

　なお、ピーター・シンガーの著書からは、全ての人が道徳的行動をするようになる理論はないこと、道徳的正しさの理論のみで全ての人が道徳的行動をすることはないこと、道徳的行動をするように説得することにより、ある程度の人が道徳的行動を行うと期待できること、全ての人が道徳的行動をすることは期待していないこと、などが推察されます。

　以上がこれまでの議論の流れの一部です。私からの新たな論点の提示としては、法律や動物実験の指針を考察すれば、その線引きには正当性があると考えられます。動物愛護管理法では、対象となる動物は恣意的であるが批判は少ないのです。動物実験の指針に3Rがあり、Replacement（代替法の利用）：動物よりも植物や細胞などを用いる、Reduction（使用動物数の削減）：犠牲となる動物数を減らす、Refinement（苦痛の軽減）：動物の苦痛を軽減することです。これは、動物実験の研究者には常識であり、通常は義務です。この3Rを倫理学的ベジタリアニズムに照らせば、食事摂取の対象を動物から植物への代替、肉食量の削減、食肉生産時の苦痛軽減となります。動物から植物などへの代替は多くのベジタリアン食そのもの、肉食量の削減はセミベジタリアン、食肉生産時の苦痛軽減は狭いケージ飼育ではない卵や乳製品を選ぶラクト・オボベジタリアンなどに対応します。ベジタリアニズムの実践的な線引きには、法律や科学の

指針の線引きと同等の有効的実践性があり、その実践的な線引きの否定は、法律や科学の指針の線引きを否定することにつながります。この論法によって、「植物の苦痛」、「栽培や土地開拓による虫や動物の犠牲」、「犠牲の大小は重要ではない」などを主張する人に対して、法律や科学の指針を尊重するのであれば、ベジタリアニズムの正当性を擁護することができます。かつて、2006年にピーター・シンガーが日本にて講演したときの質疑に、「種差別を非難するのは、意識の有無で差別する意識差別ではないか」があり、「原理的問題とは別に、実践的感覚が重要である」と答え、一部で失笑があったもようです。「実践的感覚」の「感覚」が論理的ではないと冷笑されたのではないかと懸念します。その当時に、私はその失笑について、その「実践的感覚」を「法律や科学の指針」として説明すれば、より納得されるのではないかと考えました。

　仏教の「毒矢のたとえ」が参考になります。世界の永遠性、心身同一、死後などの謎について弟子が釈迦に質問し、答えなければ修行を放棄すると言ったとき、釈迦は「毒矢に射抜かれた人がいて、周りの人たちが医者に手当をしてもらおうとすると、矢を射たのは誰か、身分は、名前は、身長は、肌色は、住所は、どんな弓かなどと考えていたら、答えを得る前に死んでしまう。必要なのは応急の手当である。私は現実にある苦しみを解決する道を説く」と諭しました。同様に、ベジタリアニズムの動物と植物との差別を論理的に追究しすぎることは不適切であり、実際に苦痛を被っている畜産動物について実践的に対処することが肝要なのです。ベジタリアニズムは、論理と実践とのバランスの調和でもあるのです。

　以上を考慮した私の提案としては、植物にも精神があり、心身の苦痛があるが、畜産動物と比較するとその程度は低いと考え、無生物は更に低いと考えます。虫、魚、細菌なども同様に考えていきます。このような苦痛度分類は、「倫理基準による医学生物学実験処置に関する分類」であるScientists Center for Animal Welfare（SCAW）と同様の判断です。植物、細菌、無脊椎動物、脊椎動物などの分類

に対して、それぞれ苦痛への配慮が異なります。そのために、優先順位としては、植物よりも畜産動物を配慮します。これは、種差別とも言えますが、苦痛の程度に応じた配慮でもあります。その配慮の程度については固定ではなく変更していきます。以前は虫や魚には痛覚がないとされた時代もありましたが、近年では、それらにもある程度の苦痛があるとされてきています。科学の発展とともにそれらの苦痛の程度を変更していきます。

　また、現在の科学や社会経済などの程度からは、植物を食べずに人間が生きていくことは困難です。しかし、動物を食べずに生きていくことは容易になりつつあります。そのため、現在の科学と社会の発展においては、苦慮の上で植物の犠牲を容認することになります。なお、近年までは、ミルク（牛や山羊などからの乳）や卵などの動物性食品の摂取なしにて健康に生きていくことはできませんでした。活性型ビタミンB_{12}は、動物性食品に多く含まれますが、非動物性食品にはほとんど含まれていません。1948年に貧血の治療となる物質（抗悪性貧血因子）としてビタミンB_{12}が発見され、その数年後に、人間の体内にて有効な活性型ビタミンB_{12}と、有効ではない非活性型ビタミンB_{12}などの数種類の分子構造が解明されました。現在は、藻類から活性型ビタミンB_{12}のサプリメントを製造することができます。海苔の食品と活性型ビタミンB_{12}との関係については、医学・栄養学的に未解明な事項として世界中にて研究発展の途上であり、私も含めて研究発表がなされています。

　数十年前まで、ミルクや卵を摂取せずに健康的に生きていくことは困難だったのです。1947年の設立当初のベジタリアン協会は肉と魚の他に、ミルクと卵の摂取を避けていました。しかし、次第にミルクと卵の摂取を容認するようになりました。この経過については、当時、悪性貧血の患者が多く発生してきたのですが、科学の発展が不十分であり、活性型ビタミンB_{12}欠乏が原因であるとはわからず、しかしながら、ミルクと卵の摂取にて病気が改善したため、それらの摂取は苦慮の上にて、容認するようになったと推察します。その

当時、ベジタリアン協会がミルクと卵の摂取を容認するようになり、ヴィーガニズムの団体がベジタリアニズムの概念の堕落と非難していたようですが、科学の発展が不十分であったため、ミルクと卵の摂取を容認しないと生存していけず、過度な自己犠牲となるため、その非難は不適切であったと考えます。

　仏教の釈迦が悟りを得るために厳しい苦行をしていましたが、悟りを得られずに生死を彷徨うほどに衰弱していた時、スジャータ（Sujata）という娘から提供されたミルクを飲むことで回復し（乳粥供養）、その後に悟りを開きました。ベジタリアニズムにおいて、活性型ビタミンB$_{12}$によるベジタリアニズムの限界の解明には、２千年以上の長い月日を要したのです。ベジタリアンでは、その他の栄養素の問題として、DHA（ドコサヘキサエン酸：Docosahexaenoic Acid）やEPA（エイコサペンタエン酸：Eicosapentaenoic Acid）などもありますが、ヴィーガン用の藻類からサプリメントが製造されるなど、研究発展しています。

　今後、数十年から数百年以上をかけて科学や社会の発展にて植物を食べなくても、人間は、栄養学、製造法、おいしさなどの課題を乗り越えて、容易に生きていくことができるかもしれません。その時には、ベジタリアニズムとは、肉・魚・卵・乳、更に植物を食べない生き方と表現され、ベジタリアニズムとは、実行可能な限り「生物」の搾取や虐待をしない生き方となることでしょう。その間に、ベジタリアニズムの概念は、名称が変化するかもしれませんし、vegetusを由来とする変更がなされるかもしれません。現代においては、実行可能な限りということにて、ベジタリアニズムは、植物などを食べ、状況においてはミルクや卵の摂取をも許容するのです。更に、遭難した場合などに非常食としての肉や魚を摂取することも、ベジタリアニズムの理念からは許容されるのです。

　人間の受精卵からの発生において、指と指の間の水かきのような構造物の細胞は、「プログラム細胞死（アポトーシス）」として、ある意味にて生命の犠牲となります。また、体内のがん細胞や病原性

細菌などは免疫や医学的治療として犠牲となります。それらについても、現代科学の限界において、ベジタリアニズムの理念からは許容されるのです。それらの解決には数万年以上を要するかもれしませんが、ベジタリアニズムの理念はそれらをも内包する遥かな射程をもつ概念なのです。

5 「ベジタリアニズムは哲学的に重要な課題なのか」

　現代社会においては、戦争や紛争、飢餓や貧困、殺人や自殺、職業や富の格差、環境汚染や破壊、介護不足、各種のハラスメント、暴力やいじめ問題など、早急に解決すべき重要な課題が山積していますが、それらと比較するとベジタリアニズムの問題については重要性があるようには見えないとの意見が散見されます。それらの課題について考えることが重要であり、ベジタリアニズムについて考えている暇はないとのことのようです。しかし、それらの課題は、よくよく考えれば思いやりの心の欠如が原因であり、ベジタリアニズムの普及は、それらの根本的原因の解決につながると期待できるため、社会に影響を及ぼす哲学的に重大な課題であると私は考えます。

　動物への配慮が人類の平和に寄与することについては、動物愛護管理法の目的に「国民の間に動物を愛護する気風を招来し、生命尊重、友愛及び平和の情操の涵養に資する」とあり、ベジタリアニズムは人類の平和に寄与すると考えられます。

　更に、ベジタリアニズムの探求によって、「人間とは何か」、「生命とは何か」、「善悪とは何か」、「正義や公正とは何か」、「どう生きるべきか」などの哲学的な重大かつ根源的な問いが生じてくるのです。ベジタリアニズムを考えることそのものが、哲学の世界を深めていくのです。

近年、ベジタリアニズムに関する議論が日本においても、学術的な雑誌や研究報告などにて広がりつつあります。日本の哲学において、東京大学の長年ベジタリアンである一ノ瀬正樹教授に加えて、2022年には京都大学にて、ベジタリアニズムに関心がある大学教員の伊勢田哲治氏と児玉聡氏が准教授から教授へ昇任しており、ベジタリアニズムについての哲学的発展が期待されます。

6 「ベジタリアニズムを普及していくことは正しいのか」

ベジタリアニズムが普及することに対する主な批判に、「あなた1人でベジタリアンをすることは否定しないが、私や周りの人々に押し付けて欲しくない。私があなたに肉食を勧めないのと同様に、あなたは私にベジタリアン食を勧めないことが公平である。あなたがベジタリアンを貫いて満足すればよいではないか」があります。その反論として、「ベジタリアニズムについて関心を持ってもらうため、耳を傾ける方に情報を提供しようとしており、押し付けてはいない。奴隷制を廃止しようとした時に、奴隷業者があなたに奴隷使用を押し付けないから、あなたは私に奴隷不使用を押し付けないことが公平であると言ったら納得するのだろうか。ベジタリアニズムの普及は突然に世界を覆いつくすのではなく、現実には急激ではなく徐々に普及しており、畜産業者が業務内容を変更していく時間的猶予は数十から数百年以上ある。普及していく将来には、業務変更に際して補助金を行うことができるかもしれない。民主主義的に社会変化を促していくのである」などがあります。ベジタリアニズムの概念として、自分のみの幸福追求だけではなく、他者の幸福をも考慮するため、自分だけがベジタリアンを維持することができれば満足とはなりません。仏教の釈迦は悟りを得た当初、この悟りを世間の人々に教えたいが、無理解により自分が疲弊し、また、世間を混乱させ

るだけであるから、自分の内にのみ秘めて他界しようと考えました（説法不可能の絶望）。しかし、梵天（ぼんてん）という神が釈迦の前に現れて、その悟りを会得する人々はいるから世間に広めるよう説得しました（梵天勧請）。そして、釈迦は、生きとし生けるものへのあわれみにて、その悟りを世間へ広める決意をしました。そのことにより、自利から利他が生じたのです。これらの出来事については、実際に神が現れたのではなく、釈迦の心の葛藤と決意を表しているという解釈があります。

　ベジタリアニズムの普及に対する他の批判として、「世の中がベジタリアンになると、畜産業者が失業し不幸になる。人間よりも畜産動物を優先するのは、人間に対する思いやりがない」、「畜産動物が絶滅するが、それは畜産動物にとって不幸ではないのか」などがあります。それらの非難に対しては、「奴隷制を廃止しようとした時に、奴隷業者の失業があるから奴隷制継続は必要と反論があっても、奴隷制廃止がなされた歴史と同様である」、「人身売買のために奴隷の子どもを出産させていた奴隷業者は、奴隷から感謝されるのか。また、奴隷制度廃止によって、奴隷の子孫は全滅していない」などがあります。それらの再反論として、「奴隷制から解放された人々は自力で社会にて生きることができたが、解放された畜産動物は自力で生きていくことはできない」がありますが、「ベジタリアニズムに賛同する人々が数十年から数百年間の期間で徐々に増えることで、畜産動物の生産が徐々に減り、また、それと同時に、解放して保護していく畜産動物を徐々に増やすことで対応する」と回答できます。

　重要な意義や説得性があっても、受け入れる土壌がなければ空虚な主張となりますが、近年、ベジタリアン食の広がりがあり、東京・京都・名古屋にて数千人が参加のベジタリアン祭り、海外と同様に東京大学や京都大学、全日空や日本航空のベジタリアン食導入が話題となり、日本ベジタリアンアワードにて多分野の方々が表彰されて新聞に掲載されました。ベジタリアニズムは、論理的のみならず実践的な社会に影響する具体的な方法論です。

普及の仕方には、適切な手法と不適切な手法があると考えられます。例えば、小学校の正門の前に畜産動物が殺されている写真を掲げる団体があります。それは、死刑反対を訴える場合に、死刑が執行されている写真を小学生に見せることは適切か否かと同様と考えます。性教育などとも同様に、年齢に応じて、事実について教育や啓発する手法の段階があるのです。ベジタリアニズムの普及についても、社会との衝突となるような性急な行動ではなく、長期的な視点にて焦らずに行うことが望ましいと考えます。

　「正しい」とは、人それぞれであるため世の中には「正しい」ことはないという人がいます。哲学においては、メタ倫理学における相対主義として研究されています。全ての人を納得させ、全ての人の行動を促すことができる哲学的理論はないのかもしれません。しかし、より多くの人々が幸せに社会を生きていくための手法として、ある哲学的理論が、社会的に実効力が「ある」のか「ない」のかを推察していくことができ、そのことによって、その哲学的理論が社会的に「正しい」のか「正しくない」のかと置き換えて表現できると、私は考えます。ベジタリアニズムの普及によって、より多くの人々を社会のなかで幸せにすることができるのであれば、ベジタリアニズムを普及していくことは社会的に正しい行為であると考えます。より多くの人々が社会のなかで幸せになってほしいと願うか否か、また、その願いが実現できるように努力をするか否かなど、それぞれの人生として自由に選択することができます。ベジタリアニズムについて自分で考えることは、自分の生き方を自分で考えることになるのです。

参考文献

- 一般社団法人日本ヴィーガニズム協会編集、『HUG Vol.01 特集：動物の権利とヴィーガニズム』、一般社団法人日本ヴィーガニズム協会、2023年.
- ロアンヌ・ファン・フォーシュト、井上太一、『さよなら肉食——いま、ビーガンを選ぶ理由』、亜紀書房、2023年.
- ローリー・グルーエン、大橋洋一、『アニマル・スタディーズ 29の基本概念』、平凡社、2023年.
- William Shurtleff, Akiko Aoyagi, HISTORY OF VEGETARIANISM AND VEGANISM WORLDWIDE (1430 BCE to 1969): EXTENSIVELY ANNOTATEDBIBLIOGRAPHY AND SOURCEBOOK, Soyinfo Center, 2022.
- William Shurtleff, Akiko Aoyagi, HISTORY OF VEGETARIANISM AND VEGANISM WORLDWIDE (1970-2022): EXTENSIVELY ANNOTATEDBIBLIOGRAPHY AND SOURCEBOOK, Soyinfo Center, 2022.
- 「特集＝肉食主義を考える——ヴィーガニズム・培養肉・動物の権利…人間 - 動物関係を再考する」、『現代思想』6月号、2022年.
- 浅野幸治、「特集動物倫理について哲学的に考える」、『豊田工業大学ディスカッション・ペーパー』第25号 No.25、2022年.
- 井上太一、『動物倫理の最前線：批判的動物研究とは何か』、人文書院、2022年.
- トム・レーガン、井上太一、『動物の権利・人間の不正』、緑風出版、2022年.
- 戸田山和久、『最新版 論文の教室：レポートから卒論まで』、NHK出版、2022年.
- うめざわしゅん、『ダーウィン事変』(1-5)、講談社、2020-2023年.
- 新村聡、田上孝一、『平等の哲学入門』、社会評論社、2021年.
- 浅野幸治、『ベジタリアン哲学者の動物倫理入門』、ナカニシヤ出版、2021年.
- 田上孝一、『はじめての動物倫理学』、2021年.
- ジェイシー・リース、井上太一、『肉食の終わり：非動物性食品システム実現へのロードマップ』、原書房、2021年.
- 井上太一ほか、『たぐいvol.3』、亜紀書房、2021年.
- 森岡正博、『生まれてこないほうが良かったのか？——生命の哲学へ！』、筑摩書房、2020年.
- 児玉聡、『実践・倫理学』、勁草書房、2020年.
- 垣本充、大谷ゆみこ、『完全菜食があなたと地球を救う ヴィーガン』、ロングセラーズ、2020年.
- ドミニク・レステル、大辻都、『肉食の哲学』、左右社、2020年.
- 「特集＝反出生主義を考える——『生まれてこない方が良かった』という思想」、『現代思想』11月号、2019年.
- バーナード・ローリン、高橋優子、『動物倫理の新しい基礎』、2019年.
  蝶名林亮、『メタ倫理学の最前線』、勁草書房、2019年.
- ディネシュ・J・ワディウェル、井上太一、『現代思想からの動物論：戦争・主権・生政治』、人文書院、2019年.
- ゲイリー・L・フランシオン、井上太一、『動物の権利入門：わが子を救うか、犬を救うか』、緑風出版、2018年.
- 橋本直樹、『食べることをどう考えるのか：現代を生きる食の倫理』、筑波出版、2018年.
- Letterio Mauro, The Philosophical Origins of Vegetarianism Greek Philosophers and Animal World, *Relations* Vol.5(1), 2017.
- 田上孝一ほか、『権利の哲学入門』、社会評論社、2017年.
- シェリー・F・コーブ、井上太一、『菜食への疑問に答える13章：生き方が変わる、生き方を変える』、新評論、2017年.
- 田上孝一、『環境と動物の倫理』、本の泉社、2017年.

- ジェームズ・レイチェルズ、スチュアート・レイチェルズ、次田憲和、『新版 現実をみつめる道徳哲学』、晃洋書房、2017.
- マルタ・ザラスカ、小野木明恵、『人類はなぜ肉食をやめられないのか：250万年の愛と妄想のはてに』、インターシフト、2017年.
- デイヴィッド・ベネター、小島和男、田村宜義、『生まれてこない方が良かった――存在してしまうことの害悪』、すずさわ書房、2017年.
- マイケル・A・スラッシャー、井上太一、『動物実験の闇：その裏側で起こっている不都合な真実』、合同出版、2017年.
- デビッド・A・ナイバート、井上太一、『動物・人間・暴虐史：“飼い貶し”の大罪、世界紛争と資本主義』、新評論、2016年.
- 船瀬俊介、『菜食で平和を！』、キラジェンヌ、2016年.
- スタニスラス・ドゥアンヌ、高橋洋、『意識と脳――思考はいかにコード化されるか』、紀伊國屋書店、2015年.
- ジュリオ・トノーニ、マルチェッロ・マッスィミーニ、花本知子、『意識はいつ生まれるのか――脳の謎に挑む統合情報理論』、亜記書房、2015年.
- アントニー・J・ノチェッラ・二世、井上太一ほか、『動物と戦争：真の非暴力へ、《軍事――動物産業》複合体に立ち向かう』、新評論、2015年.
- 鈴木貴之、『ぼくらが原子の集まりなら、なぜ痛みや悲しみを感じるのだろう：意識のハード・プロブレムに挑む』、勁草書房、2015年.
- 伊勢田哲治、なつたか、『マンガで学ぶ動物倫理』、化学同人、2015年.
- ProCon.org, Pros and Cons of Vegetarianism, Telemachus Press, 2013.
- 金井良太、『脳に刻まれたモラルの起源――人はなぜ善を求めるのか』、岩波書房、2013年.
- パトリシア・S・チャーチランド、信原幸弘、樫則章、植原亮、『脳がつくる倫理：科学と哲学から道徳の起源にせまる』、化学同人、2013年.
- 浅見昇吾、盛永審一郎、『教養としての応用倫理学』、丸善出版、2013年.
- 杉本俊介、「ピーター・シンガーと Why be Moral? 問題」、『応用倫理』第6巻、2012年、35-50.
- 苧阪直行、『道徳の神経哲学――神経倫理からみた社会意識の形成』、新曜社、2012年.
- 一ノ瀬正樹、新島典子、『ヒトと動物の死生学――犬や猫との共生、そして動物倫理』、秋山書店、2011年.
- 一ノ瀬正樹、『死の所有――死刑・殺人・動物利用に向きあう哲学』、東京大学出版会、2011年.
- 田上孝一、『本当にわかる倫理学』、日本実業出版社、2010年.
- 小泉義之、永井均、『なぜ人を殺してはいけないのか？』、河出書房社、2010年.
- Hal Herzog, Some We Love, Some We Hate, Some We Eat: Why It's So Hard to Think Straight About Animals, Harper Perennial, 2010.
- Lierre Keith, The Vegetarian Myth: Food, Justice, and Sustainability, PM Press, 2009.
- 内藤淳、『進化倫理学入門――「利己的」なのが結局、正しい――』、光文社、2009年.
- 伊勢田哲治、『動物からの倫理学入門』、名古屋大学出版会、2008年.
- シュレーディンガー、岡小天、鎮目恭夫、『生命とは何か：物理的にみた生細胞』、岩波書店、2008年.
- 柏端達也、『自己欺瞞と自己犠牲』、勁草書房、2007年.
- ピーター・シンガー、浅井篤、村上弥生、山内友三郎、『人命の脱神聖化』、晃洋書房、2007年.
- 中村元、森祖道、浪花宣明、『原始仏典〈第5巻〉中部経典2』、春秋社、2004年.
- Practical Ethics, Peter Singer, 2004.
- ジェームズ・レイチェルズ、古牧徳生、次田憲和、『現実をみつめる道徳哲学――安楽死からフェミニズムまで』、晃洋書房、2003年.
- Kerry S. Walters, Lisa Portmess, Ethical Vegetarianism, State University of New York

Press, 1999.

- ピーター・シンガー、山内友三郎、塚崎智、『実践の倫理』、昭和堂、1999年.
- 鶴田静、『ベジタリアンの世界——肉食を超えた人々』、人文書院、1997年.
- トム・レーガンほか、『環境思想の多様な展開』、東海大学出版会、1995年.
- キャロル・J・アダムズ、鶴田静、『肉食という性の政治学——フェミニズム——ベジタリアニズム批評』、新宿書房、1994年.
- R・M・ヘア、内井惣七、山内友三郎、『道徳的に考えること——レベル・方法・要点』、勁草書房、1994年.
- 垣本充、『もっと気ままにベジタリアン——魚も食べて菜食健美』、農山漁村文化協会、1992年.
- 鶴田静、『ベジタリアン・ライフ・ノート——地球のリズムで生きてみる』、文化出版局、1988年.
- 鶴田静、『ベジタリアンの文化誌——食べること生きること』、晶文社、1988年.
- ピーター・シンガー、戸田清、『動物の権利』、技術と人間、1986年.
- ピーター・シンガー、高松修、『アニマル・ファクトリー——飼育工場の動物たちの今』、現代書館、1982年.
- Peter Singer, Animal Liberation, Harper Collins, 1975.
- ピーター・シンガー、戸田清、『動物の解放 改訂版』、人文書院、2011年.
- ピーター・シンガー、戸田清、『動物の解放』、技術と人間、1988.
- Peter Singer, Animal liberation, *The New York Review of Books* Vol.20(5), 1973.
- Harold Cherniss, W. C. Helmbold, PLUTARCH, Moralia, Vol.XII, Loeb Classical Library, 1957.
- プルタルコス、三浦要、中村健、和田利博、『モラリア 12』、京都大学学術出版会、2018年.
- プルターク、河野與一、『プルターク「倫理論集」の話』、岩波書店、1964年.
- Tractatus logico-philosophicus, Ludwig Wittgenstein, 1921.
- 古田徹也、『ウィトゲンシュタイン 論理哲学論考 シリーズ世界の思想』、KADOKAWA、2019年.
- ルートヴィヒ・ヴィトゲンシュタイン、丘沢静也、『論理哲学論考』、岩波書店、2014年.
- ウィトゲンシュタイン、野矢茂樹、『論理哲学論考』、岩波文庫、2003年.
- HENRY S. SALT, THE LOGIC OF VEGETARIANISM ESSAYS AND DIALOGUES, GEORGE BELL AND SONS, 1906.
- Vegetarian messenger, Vegetarian Society, 1849.
- The Healthian. Vol.1(1-13), J. Cleave, 1842-43.
- Kritik der reinen Vernunft, Immanuel Kant, 1781.
- 御子柴善之、『カント 純粋理性批判 シリーズ世界の思想』、KADOKAWA、2020年.
- イマヌエル・カント、中山元、『純粋理性批判』、光文社、2011年.
- イマヌエル・カント、天野貞祐、『純粋理性批判』、講談社、1979年.

第8章

ベジタリアン・ヴィーガンの
市民団体とその活動

橋本晃一

世界と日本におけるベジタリアン・ヴィーガン市民団体とその活動

8.1.1 英国ベジタリアン協会からヴィーガン協会の設立と世界の状況

　昨今、気候変動の問題や、病気の予防、動物保護などの理由から、国内外でベジタリアン・ヴィーガンになる人が増えています。国連やIPCC（気候変動に関する政府間パネル）なども、気候変動の問題改善のために植物ベースの農業や食生活へのシフトが強く言われるようになってきています。

　COP24（気候変動枠組条約第24回締約国会議）で演説を行った、スウェーデンの環境活動家のグレタ・トゥーンベリさんの影響などもあり、若い方や学生も地球環境問題などさまざまな問題に目を向けるようになってきています。グレタさんもヴィーガンや植物ベースへのシフトが重要であると考えているそうです。

　国連やSDGs、環境団体、環境活動家などの啓発もあり、世界的に気候変動やその他のさまざまな環境問題や飢餓、教育、医療などの問題に取り組んでいこうという動きが活発になってきています。そんな中、企業や団体、若い方も含め、ベジタリアン・ヴィーガンやできる限り植物ベースの食事にしていこうという人たちが、共に結びつきながら活動を広げている姿を日本でもよく見かけるようになりました。環境問題とベジタリアン・ヴィーガン、植物ベースの農業や食生活の関係については後述します。

　では、ベジタリアンやヴィーガンはどのような背景で広がって来たのか、どのようなルーツがあるのか、などを少し詳しく見ていきたいと思います。

　1847年の英国ベジタリアン協会設立以前に、英国イングランドの全寮制学校のオルコットハウススクール（1838-1848）の人たちが、「ベジタリアン」という造語をすでに使用していたそうです。現在の

ヴィーガンと同じような意味で使用していたようで、100％植物性の食事であることや、動物利用に関しても、今のヴィーガンと同じく、倫理的な理由から、動物実験や乗馬なども回避していたそうです。

　米国の教育改革者でボストン、コネチカットに学校を設立し、菜食を実践していたブロンソン・オルコットは、1843年の英国訪問中に出会ったイギリス人のチャールズ・レーンと共に、英国で「オルコットハウス」を設立しました。ヴィーガンコミュニティであり、全寮制の学校でもあったオルコットハウスでは、ブロンソン・オルコットが非暴力のトピックについて講義し、特に人に対する暴力と動物に対する暴力の関連性に注目しました。園芸や料理なども教えていたそうです。

　また、オルコットとレーンは、米国マサチューセッツ州ハーバードにヴィーガンコミュニティである「フルーツランズ」を設立し、人々が互いに、動物や地球と、そしてヴィーガンとして調和して生きることが可能であることを証明しました。オルコットと彼の妻と娘たちなどと一緒に住んでいたようです。その中には、日本でも『若草物語』の著者として知られる、ルイーザ・メイ・オルコットもいました。

　オルコットハウスは、英国ベジタリアン協会設立の大きな原動力となっており、1809年に設立されたマンチェスター聖書教会とともに英国ベジタリアン協会設立に尽力しました。その背景には、彼らの政治力や財力が大きかったことが関係しており、オルコットハウスも、ベジタリアンの推進は彼らの財力や政治力に頼るところがあったようです。そして、オルコットハウスは、英国ベジタリアン協会が設立した1847年の翌年に閉鎖されました。

　英国ベジタリアン協会は、1847年に1回目の会議をオルコットハウスで、2回目の会議をラムズゲートのノースウッドヴィラで開催して誕生しました。

　マンチェスター近郊のサルフォード国会議員であるジョセフ・ブ

ラザートンが2回目の会議の議長になり、ジェームズ・シンプソンがベジタリアン協会初代会長として選出されました。また、会計はオルコットハウスのウィリアム・オールダムが担当しました。

ブラザートンとシンプソンは、1809年に設立され、信者に「動物の肉からの禁欲」を唱えたサルフォードの聖書クリスチャン教会の会員でした。教会を率いていたのは、ウィリアム・カワード牧師で、菜食主義に重点を置いたのは、それが健康に良いこと、そして肉を食べることは不自然であり、攻撃性を引き起こす可能性があるからということでした。後に彼は、「神が私たちに肉を食べることを意図していたなら、熟した果物と同様に、それは食用の形で私たちにもたらされたでしょう」と言ったと言われています。

先述しましたが、オルコットハウスの人たちが使用していた「ベジタリアン」という造語は、現在のヴィーガンと同じ意味で使われていましたが、英国ベジタリアン協会が設立されて以降、その意味合いがだんだんと変化していきました。乳製品や卵を食べている人たちも「ベジタリアン」と呼ばれるようになっていき、「ベジタリアン」という名称は、乳製品や卵も食べる人たちを指すようになっていきました。

そんな中、協会は、「ベジタリアン」から、乳卵を食べることにちなんだ名前に変更することを検討していましたが、結局、名前は変わりませんでした。

英国ヴィーガン協会は1944年に設立され、「純粋なベジタリアン」の原点回帰が基となっているそうですが、ヴィーガン協会設立には、インドを独立に導いた、マハトマ・ガンジーが大きく関わっています。

弁護士の資格を得るために英国に留学していたガンジーは、「英国に行っても、肉と酒と女には近づくな」という厳格なジャイナ教徒の母との約束を守り、今とは違い、ベジタリアンが当たり前ではなかった当時のイギリスで、苦労してベジタリアン生活をしていたそうです。ジャイナ教は、徹底した非暴力（アヒンサー）を主張し、

在家であっても厳格な菜食生活が求められると言われています。ガンジーがインド独立に向けて提唱した非暴力（アヒンサー）やその際に用いたハンガーストライキなどは、このジャイナ教に大きく影響されていると考えられます。そして、そんなジャイナ教徒が多い、インドのグジャラート州パリタナは、政府による動物屠殺を禁止した後、世界初の「ベジタリアンシティ」と名付けられました。この禁止は、約200人のジャイナ教の僧たちの全員がハンガーストライキを行い、実現したもので、インドにはジャイナ教の教義に従い、動物虐待に直接反対している人々が約400万から500万人いると報告されています。

　ガンジーは英国で、あるベジタリアンレストランを見つけ、ヘンリー・ソルトによる『A Plea for Vegetarianism（菜食主義のための請願）』（1885年）という小冊子を手に取り、菜食主義者であることが今まで以上に重要であると考え始め、ベジタリアン協会の活動に参加するようになっていきました。後にソルトとも会い、意気投合していったそうです。

　このヘンリー・ソルトという人物は、デンマーク系の王族で、インドで生まれ、英国へ移住し、後に、英国王室の700年の狩の伝統に終止符を打ったほど、名実ともにベジタリアンの活動にふさわしい人物でした。そしてソルトは、『Animals'Rights: Considered in Relation to Social Progress』（1892年）という著書を執筆し、「動物

写真8.1　ガンジーとソルトらの会合

の権利（アニマルライツ）」という言葉をはじめて書籍に用いて、その言葉を世に広めた人物としても歴史に残っています。

　そんなガンジーとソルトが主体となって、1931年11月20日にロンドンベジタリアン協会の「The Moral Basis of Vegetarianism」の会合が行われ、英国ヴィーガン協会設立につながる議論を展開しました。

　ガンジーは、「私は、菜食主義に忠実であり続けるためには、人間には道徳的基盤が必要だと考えます」と、動物に対する配慮の重要性をソルトなどと主張しました。彼らの議論は、さまざまなベジタリアンジャーナルに掲載され、倫理に基づいた植物性のみの食事を実践してきた少数のメンバーによって広く読まれ、共感を得ました。

　第二次世界大戦も関係し、会合が設けられてから10年以上の時間がかかりましたが、その会合や議論に共感したドナルド・ワトソンという人物が、1944年に英国ヴィーガン協会を設立しました。「ヴィーガン（Vegan）」という造語は、「ベジタリアン（Vegetarian）」の人たちよりもより食べ物を少なくするという意味合いで、「Vegetarian」の「etari」の部分を取ったとも言われていますが、その造語の由来は諸説あると思います。

　こうして英国ヴィーガン協会が設立され、オルコットハウスの人たちが使用していた、もともとの「ベジタリアン」の意味や原点に立ち戻ろうという「原点回帰」の動きも関係していると言われています。そして、創設者のドナルド・ワトソンはヴィーガンを定義づけました。

　「ヴィーガニズム」は、可能で実用的な限り、食物、衣類、またはあらゆる他の目的にわたって、動物の利用と残酷さの全てを除くことに努める哲学であり、その生活法です。そして、人、動物、および環境のために、動物性原料を含まない選択肢の開発と使用を促進します。

　最近では、英国ヴィーガン協会だけではなく、例えば、英国を拠点とする市民団体が始めたVeganuaryなどでヴィーガンの啓発が行

ヴィーガニズムとは

「ヴィーガニズム」は、可能で、実用的な限り、
食物、衣類、またはあらゆる他の目的にわたって、
動物の利用と残酷さの全てを除くことに努める哲学であり、
その生活法を示します。

そして、人、動物、および環境のために、
動物性原料を含まない、選択肢の開発と使用を促進します。

食事の条件は、全部、または、部分的に
動物に由来する
すべての製品を不要とする習慣を意味します。

ドナルド・ワトソン

われています。これは、1月（January）の1か月間ヴィーガン生活をしてみることのきっかけを作るキャンペーンで、2014年の開始以来、世界中から200万人が参加しています。

　ベジタリアン・ヴィーガンの活動や団体は、世界各国に広まっていきましたが、現在は、世界のベジタリアン・ヴィーガン統括機関である、1908年設立の国際ベジタリアン連合（IVU）には、約100か国の加盟国があり、欧米やアフリカ、アジアなどの国々も加盟しています。そして、1〜2年に1回、加盟国の国々で世界会議を行い、学術経験者らの学術的な意見等も運営に影響しており、世界のベジタリアン・ヴィーガンの振興に大きなイニシアチブをとり続けています。

　1889年には、IVUの前進と言われるVegetarian Federal Unionが英

国を中心として結成され、1960年にはアメリカ・ヴィーガン協会が設立されました。アメリカには、北米ベジタリアン連合（Vegetarian Union of North America / NAVU）などもあり、活動が活発です。

　他にも、IVUに関係している団体や連合などもあり、ヨーロッパには、ヨーロッパベジタリアン連合（European Vegetarian Union）や、アジアが中心となって結成された世界ヴィーガン機構（World Vegan Organization）、Asia Pacific Vegan Unionなどもあり、ベジタリアン・ヴィーガンは世界に広がりを見せています。

8.1.2 日本ベジタリアン協会、日本ベジタリアン学会の設立まで

　ベジタリアン・ヴィーガンの造語のルーツや協会設立の経緯は先述しましたが、日本でのベジタリアン協会、学会設立について見ていきたいと思います。

　認定NPO法人日本ベジタリアン協会は、1993年に大阪市で75名のベジタリアン・ヴィーガンにより設立されました。

　「人と地球の健康を考える」をテーマに、菜食を通して健康・栄養、地球環境保全、生命倫理、動物愛護、途上国援助などの活動を行っており、ベジタリアン・ヴィーガンに関心のある人々に必要な知識や実践方法を広め、共有していくためのネットワークづくりを行っています。現在、会員は北海道から沖縄県まで約2800名が登録されています。

　1996年には、垣本充代表がIVUの学術理事に就任し、8年間理事を務めました。2022年には、筆者が日本人としては2人目のIVU理事に選任されました。

　2000年には、協会の学識経験者らが、日本学術会議・協力学術研究団体である日本ベジタリアン学会を設立し、年に1度、学会大会を行い、さまざまなバックグラウンドや研究領域の方々が参加されています。また、日本ベジタリアン学会認定のライセンス講座を行っており、学術研究をベースにした知識の習得と、それらに基づい

たベジタリアン・ヴィーガンの普及・啓発を目的としています。日本以外でもさまざまなベジタリアン・ヴィーガンの学術研究が行われています。International Congress on Vegetarian Nutritionやプラントベースの国際的な学術会議などが開かれており、また、米国には世界のベジタリアン・ヴィーガンの先端的な研究を行っている、ロマリンダ大学（Loma Linda University）があり、大規模な医学、栄養学調査が行われています。

日本ベジタリアン協会は、2020年に大阪市より、社会貢献への高度な公益性が認められ、ベジタリアン・ヴィーガン市民団体として全国初の認定NPO法人の認証を受けました。国土交通省のベジタリアン・ヴィーガンガイドマップの監修や、東京都等の自治体の外国人受け入れセミナーや食の多様性に関するセミナー講師、マハトマ・ガンジー生誕150周年記念イベントをインド大使館で行うなど、日本のベジタリアン・ヴィーガンの啓発に尽力してきました。現在も、設立時と変わらず、市民団体として「人にも地球にも優しいベジタリアンのライフスタイル」の啓発をモットーに、これらの活動を続けています。

8.1.3 ミートフリーマンデーと ベジタリアン・ヴィーガンJAS

2009年には、ノーベル平和賞受賞のIPCC元議長のラジェンドラ・パチャウリ博士の推薦もあり、元ビートルズのポール・マッカートニー卿や、娘のステラ・マッカートニー氏が提唱するミートフリーマンデー活動に、日本でいち早く参加しました。

現在は、環境省による第7回グッドライフアワードを受賞した、ミートフリーマンデーオールジャパン（MFMAJ）と統合し、活動を継続しています。

MFMAJは、菜食を通じて健康改善と環境保護に同時コミットし、人と地球にやさしいチャリティー活動「ベジエイド（VEGE AID）」を主な活動のモットーにしています。英国MFM本部とも連携し、

東京や大阪などの各地で、安価で食べられるヴィーガン食堂のチャリティー活動を行っており、協会も賛同し、共催しています。

2019年には、超党派のベジタリアン・ヴィーガン制度推進のための国会議員連盟に発足時から参画し、2021年の第5回総会後、農水省ベジタリアン・ヴィーガン食品等JAS制定プロジェクトチームリーダーを務め、2022年には、ベジタリアン・ヴィーガン食品等JAS制定され、2023年1月26日にJAS登録機関として登録されるに至りました。そして現在は、ベジタリアン又はヴィーガンに適した加工食品（JAS0025）と、ベジタリアン又はヴィーガン料理を提供する飲食店等の管理方法（JAS0026）の2つのJAS規格の募集を開始しています。

また、先述のIVUとも連携しており、長年にわたってその活動に賛同し、世界会議などのイベントに参加してきました。

IVUの活動は近年も活発で、最近では、2022年にIVUメンバーがネパールでヒマラヤ・ヴィーガンフェスティバルを開催し、また、2019年には、IVU世界会議がドイツ・ベルリンのヴィーガン・サマーフェスティバルに合わせて現地で開催され、加盟各国から集まったメンバーがスピーチや交流を行い、協会はそれらの活動に参加してきました。

2 ベジタリアン・ヴィーガンの市民活動

8.2.1 ベジタリアン・ヴィーガンと環境保護

昨今の世界的なベジタリアン・ヴィーガンの活動の広がりは、先述の国連や環境団体、環境活動家などによる啓発も大きなきっかけとなっています。環境問題に対して声をあげるヴィーガンの活動家の中には、サウジアラビアの王族のカリド・ビン・アルワリード王

子などもおり、中東などでも植物ベースの農業や食事へのシフトの重要性を主張している人たちも増えてきているようです。ジェームズ・キャメロン監督が総指揮を務めたヴィーガン・アスリート映画『The Game Changers』でも、肉食と環境問題などに触れ、菜食、すなわち、ベジタリアン・ヴィーガンへのシフトの重要性が示されています。

　IPCC元議長のパチャウリ博士や、それ以前から、国連機関、または環境団体などが、さまざまな地球環境問題に警鐘を鳴らし続けてきました。特に、昨今よく言われだしているのが、牛肉などの肉の生産や家畜の飼料に関わる環境やエネルギー負荷の問題と、それに関係する土壌汚染や飢餓の問題で、それらに取り組むべく、国連などの機関や団体が、科学的な報告書等を提出し、また、COP（国連気候変動枠組条約締約国会議）などの会議で、それらの問題について各国で話し合いがされています。ポール・マッカートニー卿のMFM活動も、このようなことが発端となってはじまり、今では世界で爆発的な広がりを見せています。ドイツの国際的ベジタリアン・ヴィーガン団体のProveg Internationalは、COP24で、ドイツの多くの学校給食にヴィーガンメニューを導入した実績などが評価され、Momentum for Change賞を受賞しました。また、COP28の議長国であるアラブ首長国連邦などにさまざまな団体が書簡を送る支援を行い、COPで植物ベースのヴィーガンメニュー導入が約束されました。設立者は、IVUメンバーでもあるセバスチャン・ジョイです。

　2019年の国連の報告書では、2050年までに、植物性の農業への移行により数百万キロメートルの森林が解放され、年間80億トンのCO_2排出が削減されると報告されています。

　この報告書では、地球資源を使用する抜本的な再考を求め、植物ベースの食事を増やしていくことも求めています。報告書は100人以上の専門家によってまとめられ、その約半数は発展途上国出身です。2020年の科学誌『Nature Sustainability』に掲載された、ニューヨーク大学、オレゴン州立大学、ハーバード大学、コロラド州立大

学の科学者・研究者らの研究では、肉や乳製品などを削減し、植物ベースの農業へシフトすることで、世界の化石燃料のCO_2排出量を９年から16年分も取り除くことができると主張しています。IVUメンバーで、英国ウィンチェスター大学の動物福祉の教授であるアンドリュー・ナイト博士らも、ニュージーランド・ヴィーガン協会に『グリーン・プロテインレポート』を提出し、啓発を行っています。

　他にも、日々、多くの環境問題への取り組みとベジタリアン・ヴィーガンに関係するニュースが後を絶ちません。

　フィンランドのヘルシンキ市が、市民に持続可能なヴィーガン食への移行を促すためのウェブサイトとアプリをリリースしたことや、アカデミー賞やゴールデングローブ賞などのハリウッドアワードが、100％ヴィーガンメニューに切り替わったこと、メルボルンのモアランド市議会や、ニューヨーク市の全ての公立学校や刑務所は、気候変動に対処するため Meat Free Monday（ミートレスマンデー）に参加していること、そして、EUをはじめ、スペインやカナダ政府なども植物性食品へ投資、また、ニュージーランド政府なども植物農業を推進しています。また、ハーバード大学は、ヴィーガン食を推進するプロジェクトに参加し、英国の多くの大学（ケンブリッジ大学やロンドン大学など）や、その他、フィンランドやポルトガルの大学もそれらのイニシアチブに続き、牛肉提供を学内食堂で禁止しているようです。デンマークのコペンハーゲンで開催されたC40（世界大都市気候先導グループ）サミットでの気候変動危機を緩和するリーダーシップグループの取り組みの一環として、世界14の主要都市首長が、気候変動の問題改善のために食肉の消費量を削減することが約束され、３大陸の14都市にはロンドン、パリ、ロサンゼルス、東京などが含まれます。

　また、ニューヨーク市長のエリック・アダムスらが、1400人以上の米国市長と共に、慢性疾患、気候危機、医療費などの課題に対処するための植物ベースの食事への移行を支持する決議を批准し、「この決議案の採択は、全米の都市市長の決意を示すものであり、

植物ベースのアプローチが国家レベルで非常に重要です」と語っています。

　このような動きは、ほんの一例ですが、国や自治体レベルの大きな動きやイニシアチブが世界各国で起こっており、キーになっているのが菜食、すなわち、ベジタリアン・ヴィーガンへのシフトやできるかぎりの実践などであると考えられます。

8.2.2　ベジタリアン・ヴィーガンと動物保護

　ベジタリアニズムの父と言われるピタゴラスの思想や仏教では、殺生や動物の犠牲をなくす動きがあり、古代インドのアショーカ王は、自分の国で動物を殺さないように碑文に記したと言われています。そして先述のように、ベジタリアンやヴィーガンと動物保護、また、動物からの搾取を無くしていこうという思想は、強い結びつきがあります。

　最近では、例えば、チンパンジーなどの霊長類学者で国連平和大使ジェーン・グドール博士らがヴィーガンになり、「私たちはお互いに愛と思いやりを持つことができます。この星で私たちと一緒にいる動物への愛と思いやりを示しましょう。私たちは皆、平和と調和のもとに一緒に暮らしましょう」と述べています。

　ベジタリアン協会やヴィーガン協会の設立を含め、世界的な動物保護や動物福祉、そして、動物の権利に関わる活動と、菜食、すなわち、ベジタリアン・ヴィーガンになるということが深く関係しています。

　それらの大きな動きに関係している人物の1人としては、1975年に『動物の解放』を出版したオーストラリア・メルボルン出身の哲学者、倫理学者である、プリンストン大学教授のピーター・シンガー博士らがあげられます。

　この書籍の執筆には、英国ヴィーガン協会も資料提供を行い、特に、工場式畜産の劣悪な環境や動物の状況が述べられており、動物

に対して配慮する必要性が主張されています。シンガー博士以外にも、ノーベル経済学賞受賞者アマルティア・セン博士の共同研究者のマーサ・ヌスバウム博士は、ケイパビリティ（可能力）・アプローチにおいて、人間だけではなく、動物に適応し、それぞれの動物にあったニーズを満たす必要性が主張されています。

『サピエンス全史』の著者でヘブライ大学教授のユヴァル・ノア・ハラリ博士や、先述の Proveg International 共同設立者のメラニー・ジョイ博士など、動物に対する配慮の重要性を主張している人たちはたくさんいます。

このように、さまざまな哲学者や倫理学者などの学術的な視点から、人や動物の福祉や幸福、ウェルビーイングの研究者や教授らが、動物に対しても、やはり配慮が必要であると考えられています。そして、彼らの多くはベジタリアン・ヴィーガンです。

シンガー博士らの哲学的、倫理学的な考えの基となっているのは、ロンドン大学の創設者とも言われている、ジェレミー・ベンサムの功利主義という考え方で、動物などに対し、ベンサムは、次のように述べていたそうです。

「人間以外の動物たちが、暴政の手によって自分たちから奪い取られたさまざまな権利を取り戻す日がいつかは来るであろう。皮膚の色が黒いからといって、ある人間には何らの代償も与えないで、気まぐれに苦しみを与えてもよいということにはならない。フランス人たちは既にこのことに気づいていた。

同様にいつの日か、足の数、体毛または仙骨の末端（尾の有無）がどうであるからといって、ある種の感覚を備えた被造物をひどい目に遭わせる十分な理由とはならないということが認識されるときが来るかもしれない。

他の何かで境界線を引かなければならないのだろうか。思考する能力または言語能力だろうか。

しかし、成長した馬や犬はよく比較してみると、生後1日、1週間または1か月の新生児より、明らかに社会的であり理性的である。

ところが、それらの動物がそうした能力を持っていないとしたら、人間の役に立つだろうか。問題は、その動物たちが思考することができるかどうか、話をすることができるかどうかにあるのではない。苦しむことができるかどうかにある」

功利主義という哲学では、人に限らず、動物であっても、「苦痛」を感じるかどうかが重要な視点であると考えられており、それらが基となって、現代の動物福祉や、日本の動物愛護の考えにもつながっています。

英国の畜産農場の劣悪さなどを告発した、ルース・ハリソンの『アニマル・マシーン』（1964年）が発端となり、英国で、動物への配慮の重要性などからブランベル委員会が立ち上がり、今日のアニマルウェルフェアの法律が成立し、EUなどに共有されて行ったと言われています。5つの自由は、①飢えと渇きからの自由、②不快からの自由、③痛み・傷害・病気からの自由、④恐怖や抑圧からの自由、⑤正常な行動を表現する自由で、これらの考え方には、功利主義なども関係していると言われています。

8.2.3 ベジタリアン・ヴィーガンと ウェルビーイング・幸福

第4代ブータン国王は、「国民総幸福（GNH）は、国民総生産（GDP）よりも重要である」として、人々の幸福の大切さを提唱して世界に広がりましたが、英国ヴィーガン協会をはじめ、ヴィーガンと幸福との結びつきに関しては、研究や調査がなされています。例えば、2021年に「Tracking Happiness」によって書かれた、「Eat Green, Be Happy／菜食は幸福」という調査報告では、1万1537人の米国の回答者からデータを収集し、ヴィーガンは、肉を食べる人よりも7％高い幸福度だったことが報告されています。回答者のうち、8988人が肉を食べる人、422人がペスカタリアン、948人がベジタリアン、1179人がヴィーガンでした。幸福度調査でより高いスコアを獲得したヴィーガンではない人たちも、将来的にヴィーガンになる

可能性が高いと結論付けました。

　ただし、動物の問題に取り組むためにヴィーガンになった人たち
は、一番幸福度が低いという結果でした。おそらく、動物問題に
深く共感していることなどが、その結果に関係していると考えられ
ます。

　とはいえ、やはりヴィーガンと幸福には密接な関係があり、「世界
一幸せ」と言われるチベット僧で遺伝学者のマチウ・リカール博士
は、「ヴィーガンは幸福への鍵」だと言っています。ヴィーガンの僧
侶で、マインドフルネス提唱者の故テイク・ナット・ハン氏も、ヴ
ィーガン、植物性の食事はマインドフルネスに通じ、「私と世界を幸
福にする食べ方・生き方」であると考えていたようです。

　より科学的、医学的、専門的な研究では、例えば2015年に、植物
ベースの食事がうつ病、不安、生産性を改善するかどうかを調べる
研究が『American Journal of Health Promotion』に発表されました。
この研究には、米国の大保険会社の10の職場と、2型糖尿病だと診
断を受けたことがある292人の被験者が参加しました。一部の参加
者にはヴィーガン食を18週間続けるように指示が与えられ、別の参
加者には指示が与えられませんでした。対照群の人々と比較して、
うつ病、不安、生産性が大幅に改善したと報告しました。

　また、クイーンズランド大学の健康経済学者や研究者らは、約1
万2000世帯の調査で、参加者の果物と野菜の選択を調べ、満足度、
ストレス、活力、その他のメンタルヘルスマーカーのレベルを評価
しました。果物や野菜を多く食べるほど気分が良くなったと報告し
ています。

　このように、ベジタリアン・ヴィーガンの食生活は、幸福度、す
なわち、ウェルビーイングに深く寄与していると考えられています。

参考文献
- UN Climate Report: Change to Vegan Diet Could Free Millions of Kilometres of Forest & Reduce CO2 Emissions by Eight Billion Tonnes a Year, 2019
  https://vegconomist.com/society/un-climate-report-change-to-vegan-diet-could-free-millions-of-kilometres-of-forest-reduce-co2-emissions-by-eight-billion-tonnes-a-year/.
- USA: 19th Century Bronson Alcott 1799-1888, 1908
  https://ivu.org/history/usa19/bronson-alcott.html.
- Early history of the Vegetarian Society, 1847
  https://vegsoc.org/about-us/history-of-the-vegetarian-society-early-history/.
- Gandhi - and the launching of veganism, 2011
  https://ivu.org/index.php/blogs/john-davis/49-gandhi-and-the-launching-of-veganism.
- The vegan Society, History
  https://www.vegansociety.com/about-us/history.
- The COP28 Climate Summit Commits to Plant-Based Options, 2023
  https://vegnews.com/2023/7/cop28-climate-vegan-food.
- The carbon opportunity cost of animal-sourced food production on land, 2020
  https://www.nature.com/articles/s41893-020-00603-4.
- THE GREEN PROTEIN REPORT, 2020
  https://vegansociety.org.nz/green-protein-report/.
- 14 Mayors Commit to Slashing Meat Consumption in Major Cities Worldwide, 2019
  https://vegnews.com/2019/10/14-mayors-commit-to-slashing-meat-consumption-in-major-cities-worldwide.
- 1,400 US Mayors Join New York Mayor Eric Adams in Promoting Plant-Based Food, 2023
  https://vegnews.com/2023/7/1400-mayors-plant-based-food.
- Wellbeing & Veganism: Happy and vegan?, 2021
  https://www.vegansociety.com/get-involved/research/research-news/wellbeing-veganism-happy-and-vegan.
- Food and Mood: Eating Plants to Fight the Blues, 2015
  https://www.pcrm.org/good-nutrition/food-and-mood.

エピローグ

　ベジタリアニズム、そしてヴィーガニズムに基づくライフスタイルは、今日では特別なことではなくなり、魅力あるものとして、関心を持つ人たちや実践をめざす人たちは急速に増加してきています。ベジタリアニズム、そしてヴィーガニズムは単に食生活、健康面だけの問題にとどまらず、環境問題や生命倫理なども踏まえ、未来の地球市民としての理想的なライフスタイルを志向する上での重要な視点となっています。

　最近、ベジタリアニズムやヴィーガニズムを正しく理解するための出版物も増えていますが、認定NPO法人日本ベジタリアン協会が発足して30年の記念の年に、この方面で活躍されている方々が結集して、本書の出版が実現したことは大変意義深いことです。2014年に『21世紀のライススタイル・ベジタリアニズム』が株式会社フードジャーナル社から出版され、本格的なベジタリアンに関する教科書として注目され、ベジタリアン・アドヴァイザー資格取得のテキストにも使用されてきました。しかし本書は、更に最新の成果に基づき、また時代の流れに対応して、特にヴィーガンを中心にまとめられているところが注目されます。ベジタリアンの1つのタイプから、ヴィーガンは独立した1つのタイプとしてとらえられるようになり、ヴィーガンをめざす人が増えています。ベジタリアンからヴィーガンへの新しい流れは、ますます加速していくことと思います。

　時代を遡れば、1993年4月、大阪ベジタリアン協会が垣本充現認定NPO法人日本ベジタリアン協会代表等の発起により設立しました。当時、欧米では市民権を得ていたベジタリアンについて、我が国では、ベジタリアンはどのような人たちなのか、単に菜食する人と何が違う

のかを含め、正しく理解している人はほとんどいませんでした。協会
の発足は、ベジタリアニズムの正しい理解と実践を進める上で重要な
役割を果たし、日本における本格的なベジタリアニズムの発展の礎を
築いたことは間違いないと思います。大阪ベジタリアン協会は、その
後日本ベジタリアン協会となり、IVU（世界ベジタリアン連合）にも
加わり、我が国を代表するベジタリアニズムの啓発運動の中心的組織
となっています。

　2000年には、協会に参加していた大学教員等学術研究者が結集し、
日本ベジタリアン学会が設立され、理事長に垣本充協会代表、会長に
高井明徳（筆者）が就任し、研究発表を含む大会の開催、本格的なベ
ジタリアニズムに関する学術誌『Vegetarian Research』を刊行し、今
日に至っています。

　研究面の発展だけでなく、学術的に正しい知識に基づくベジタリア
ニズムの啓発においても重要な役割を果たしてきました。学会活動が
本格的に進む中、日本ベジタリアン学会は日本学術会議協力学術研究
団体に指定され、当該分野のアカデミックリーダーとしての役割を担
っています。『Vegetarian Research』に掲載された研究成果により、博
士号を授与された会員も現れました。更に日本ベジタリアン学会では
ベジタリアニズムの普及のため、ベジタリアン・マイスター制度を発
足させ、現在まで300名ものベジタリアン・アドヴァイザーが誕生し、
日本全国でベジタリアニズムの実践・啓発活動に指導的役割を果たし
ています。最高位のベジタリアン・マイスターは、現在6名が授与さ
れています。

　昨年には、ベジタリアン又はヴィーガン対応の加工食品及びレスト

ランに関するJAS規格が制定され、本年、協会が農林水産省よりJAS認証団体として認められ、ベジタリアン・ヴィーガンのJAS認証が始まりました。

　本書を一覧し、本書はこのような歴史を経て誕生したのだとつくづく感じる次第です。新型コロナウイルス感染の問題も一段落し、今後、海外からベジタリアンやヴィーガンの訪問が急増し、国内においても意識が急速に高まっていくことは間違いありません。今まさに、ベジタリアニズム、そしてヴィーガニズムの新しい発展の時代の到来に、本書が科学的根拠に基づく正しい知識を提供し、新しい時代をリードする書籍になることを期待しています。

高井明徳

著者プロフィール

[監修]
垣本　充
農林水産省JAS認証機関・認定NPO法人日本ベジタリアン協会代表
日本学術会議協力学術研究団体・日本ベジタリアン学会理事長、三育学院大学特命教授
関西学院大学理学部化学科卒業、大阪府立大学大学院農学研究科修士課程修了後、大阪歯科大学にて歯学博士号（小児歯科学）取得、大阪信愛女学院、大阪女学院大学教授等を経て現職
国際ベジタリアン連合（IVU）終身会員・元学術理事、日本ベジタリアン学会「論文賞」受賞
第10回IFHE（国際家政学会）世界会議（ミネソタ大学）研究発表、第33回（タイ）、第34回（カナダ）、第35回（英国）、第36回（ブラジル）IVU世界ベジタリアン会議招聘講演
ロマリンダ大学やWHO国際ガン研究機関（仏国）等にて研究研修、大学在学中にデンマークIPC（International People's College）留学
農林水産省ベジタリアン・ヴィーガン食品等JAS制定プロジェクトチーム座長（2021〜2022年）
NHK Eテレ「育児カレンダー（虫歯を撃退・噛む力をつける）」やTBS、テレビ朝日、テレビ東京、AbemaTV等出演。朝日、毎日、読売、産経、日経新聞各紙に執筆・紹介記事多数
著書：『21世紀のライフスタイル・ベジタリアニズム』、『完全菜食があなたと地球を救うヴィーガン』、『ヘルシーベジタリアン入門』、『歯育て上手は子育て上手』、『食生活概論』等多数
学会誌・学術誌：歯科医学、小児歯科学雑誌、栄養学雑誌、家政学雑誌、臨床栄養、生活衛生、Vegetarian Research等論文100篇超

[著者]
プロローグ
鶴田　静
菜食文化研究家、作家、日本ペンクラブ会員、日本文芸家協会会員
明治大学文学部仏文科卒業、英国ロンドンに在住しベジタリアニズムを研究
第1回日本ベジタリアンアワード「大賞」受賞、日本ベジタリア協会名誉会員
著書『ベジタリアンの文化誌』、『宮沢賢治の菜食思想』など多数

第1章
垣本　充
監修者参照

第2章
加藤裕子
生活文化ジャーナリスト、著述業
早稲田大学政治経済学部政治学科卒業
集英社、米国Vegetarian Resource Groupを経て、現在、フリーランスとして活動
認定NPO法人日本ベジタリアン協会顧問
第4回日本ベジタリアンアワード「ジャーナリスト賞」受賞
著書『食べるアメリカ人』など多数

第3章
仲本桂子
東京衛生アドベンチスト病院健康教育科科長、日本ベジタリアン学会理事
筑波大学農林学類卒業、米国ロマリンダ大学大学院栄養学科修士課程修了
女子栄養大学で博士（栄養学）号取得、米国登録栄養士
日本ベジタリアン学会「論文賞」、第8回日本ベジタリアンアワード「学術賞」受賞
日本ベジタリアン学会誌に米国栄養士会の「菜食を科学的に支持する論評（日本語訳）」執筆
『21世紀のライフスタイル・ベジタリアニズム』など著書・論文多数

第4章
山形謙二
神戸アドベンチスト病院名誉院長
東京大学理学部卒業、米国ロマリンダ大学医学部卒業
日本ベジタリアン学会副会長・理事、米国内科専門医会フェロー、
米国内科学専門医、米国ホスピス緩和医療学専門医
第3回日本ベジタリアンアワード「大賞」受賞
ホスピス医療の先駆的働きにより「兵庫県社会賞」、「兵庫県医師会功績賞」受賞
著書『いのちをみつめて』、『人間らしく死ぬということ』など多数

第5章
いけやれいこ
農林水産省JAS認証機関・認定NPO法人日本ベジタリアン協会副代表（兼）
附属ローヴィーガン（生菜食）研究所所長
日本学術会議協力学術研究団体・日本ベジタリアン学会監事・学会認定マイスター
農林水産省JAS審査員、検査員（ヴィーガン食品等）
国立音楽大学音楽学部器楽学科卒業、元鎌倉女子大学講師
元日本リビングビューティー協会クリエイティブディレクター
NHK総合テレビにローヴィーガン料理家として出演
日本ローフードコンクール「最優秀賞」、日本ベジタリアンアワード「料理家賞」、日本ベジタ
リアン学会「プレゼンテーション賞」など受賞多数

第6章
中川雅博
ふみ技術士事務所所長
近畿大学大学院農学研究科博士課程修了、博士（農学）
日本ベジタリアン学会理事
農林水産省JAS審査員（ヴィーガン食品等）
元モンゴル国立教育大学・大阪女学院短期大学講師
技術士（環境部門／総合技術監理部門）
第3回日本ベジタリアンアワード「学術賞」、日本ベジタリアン学会「プレゼンテーション賞」、
関西自然保護機構四手井綱英賞など受賞
『21世紀のライフスタイル・ベジタリアニズム』など著書・論文多数

第7章
宮城智央
沖縄第一病院院長
三重大学医学部卒業
琉球大学医学部脳神経外科助教を経て、日本ベジタリアン学会理事
日本脳神経外科学会認定指導医・専門医、日本がん治療認定医
第2回日本ベジタリアンアワード「哲学賞」受賞
日本ベジタリアン学会や応用哲学会で「倫理的ベジタリアニズム」に関する研究発表多数

第8章
橋本晃一
認定NPO法人日本ベジタリアン協会事務局長、国際ベジタリアン連合 (IVU) 理事
大阪市立大学工学部応用物理学科を経て、大阪公立大学大学院生活科学研究科博士後期課程
日本ベジタリアン学会「プレゼンテーション賞」受賞
英国ヴィーガン協会会員、英国ベジタリアン協会会員

エピローグ
高井明德
大阪信愛学院短期大学学長、曹洞宗禅徳寺住職
関西学院大学大学院理学研究科博士課程修了、理学博士
日本学術会議協力学術研究団体・日本ベジタリアン学会会長、日本ベジタリアン協会理事
『VEGETARIAN RESEARCH』（日本ベジタリアン学会誌）編集長
元国土交通省委嘱・自然環境アドバイザー
染色体学会「学会賞（牧野賞）」受賞

まるごと解説　ベジタリアン＆ヴィーガンの世界
これ 1 冊ですべてがわかる　高度でグローバルな最新情報を一気読み

2024年 3 月 15 日　初版第 1 刷発行

［監修者］　垣本充

［著　者］　鶴田静・垣本充・加藤裕子・仲本桂子・山形謙二・
　　　　　　いけやれいこ・中川雅博・宮城智央・橋本晃一・高井明徳

［発行者］　稲田豊

［発行所］　福音社

　　　　　　〒241-0802　横浜市旭区上川井町 1966 F30
　　　　　　045-489-4347（電話）　045-489-4348（Fax）

［印刷所］　株式会社　平河工業社